과학의 진보와 창조성

과학의
진보와 창조성

김웅진 외 지음

한국학술정보㈜

머리글

　과학철학적 담론은 비단 사회과학연구뿐만 아니라 모든 과학연구에 진보의 역동성을 부여한다. 즉, 과학연구의 목표와 소산, 절차와 방식에 대한 끊임없는 성찰과 회의는 경직된 유리스틱heuristic의 교조적 시각을 벗어나 연구지평의 창조적 확장을 달성할 수 있는 길을 열어준다.

　이 책에 수록된 글 가운데 서론을 제외한 나머지 여덟 편은 한국외국어대학교 대학원 정치외교학과와 신문방송학과 그리고 정치외교학과 학부에 재학 중인 학생들이 과학의 진보와 창조성에 관한 과학철학적・지식사회학적 담론들을 해제解題한 것이다. 인문사회과학 분야에 있어서 원전原典의 해제는 지극히 조심스럽고도 지난한 작업일진대, 학생들의 미숙한 '작품'이 오독誤讀의 위험성을 내포하고 있으리라는 것은 분명하다. 그러나 잘못된 부분이 독자들에 의해 지적되고, 그에 따라 수정과 보완이 거듭될 때 비로소 바른 독해가 이루어지라는 기대에 따라 감히 책을 내놓기로 했다.

　우리 인문사회과학연구의 고른 발전이라는 맥락에서 독자층이 제한될 수밖에 없는 과학철학 서적을 흔쾌히 출간해 주신 한국학술정보(주)에 깊은 사의를 표한다. 아울러 지난 몇 달에 걸쳐 세미나를 거듭하며 원전 독해의 완성도를 높이려 애쓴 필자들에게 사회과학연구방법론을 강의하는 교수로서, 그리고 이 책의 편집자로서 고마운 마음을 전한다. 특히 정치외교학과 박사과정 황수환 군은 자신의 연구를 기꺼이 희생하며 세미나와 전반적인 집필을 이끌어 주었고, 정치외교학과 학·석사 연계과정 문희재 군과 학부 4학년 김다희 양이 지루하기 짝이 없는 초교를 읽어 주었다. 또 학부 2학년 신유연 양은 최종원고의 기술적 측면을 검토하고 오류를 수정해 주었다. 이들에게도 고맙다는 말을 하지 않을 수 없다.

2011년 7월
글쓴이들을 대표하여,
한국외국어대학교 정치외교학과 교수
김웅진

차 례

서론: 창조성과 과학의 진보

김웅진

    과학적 진보scientific progress의 표징은 무엇이며 그 추동력의 연원은 어디인가? 과학체계의 변동과정은 연속적인가 혹은 단절적인가? 과학적 진보의 관념은 현대과학철학의 핵심적 담론주제로서 다양한 맥락과 시각에 따라 제시되어 왔다. 예컨대 포퍼(Karl Popper)는 분석시각의 합리적 재구축rational reconstruction, 곧 지속적 오류보정elimination of errors을 통한 연구문제의 혁신을 진보로 간주하고 있으며(Popper 1985, 179-80), 라카토시(Imre Lakatos)는 유리스틱heuristic[1]이 변칙현상을 성공적으로 설명하고 더 나아가 연구프로그램research programme[2]의 "중핵hard core"을 뒷받침하는 적극적 증거로 변환시킬 때 과학적 진보가 달성된다고 본다(Lakatos 1985, 4-6). 한편 이들과 시각을 달리하는 쿤(Thomas Kuhn)은 과학체계의 변동과정이 선형적 진보linear progress가 아니라 혁명적 대

---

1) "강력한 문제풀이 기제(a powerful problem-solving machinery)", 즉 특정한 연구프로그램 내에서 적실성과 정당성을 인정받고 있는 분석규준(analytic canons). Lakatos(1986, 4-6). 유리스틱의 형성, 확산과 변동과정에 관해서는 김웅진(2009) 참조.

2) 부정되거나 수정될 수 없는 인식론적·이론적 "중핵(hard core)"과 그러한 중핵을 보호하기 위한 보조가설의 "방어환(防禦環, protective belt)", 그리고 중핵에 입각해 지식을 생산하기 위한 유리스틱을 견지하고 있는 과학체계. Lakatos(1986, 4-5).

체의 경로를 따라 전개된다고 주장한다(Kuhn 1970). 즉, 과학혁명을 통해 구축된 새로운 패러다임paradigm은 옛 패러다임과 전혀 다른 세계관을 담지하고 있으며, 따라서 진보의 척도가 될 수 있는 패러다임의 상대적 수월성은 본질적으로 비교될 수 없다는 것이다(공약불가능성 명제thesis of incommensurability).

이로부터 과학의 진보에 대한 대립적 견해가 노정된다. 포퍼와 라카토시는 기존 연구전통research tradition[3] 내에서 달성되는 연구영역의 확장과 지식의 합리적 축적을 진보로 간주하고 있음에 반해, 쿤은 이른바 '과학성'이 역사적 · 상황종속적으로 규정된다는 측면에서 누적적 · 선형적 진보의 관념을 거부한다. 즉, 그는 과학적 교조의 타파에 따른 세계관과 분석시각의 혁명적 변동을 역사적 사실로 규정하여 진보 progress를 전환transition으로 대체하고 있다. 그러나 이들은 진보이든 전환이든 그 추동력이 기존 연구전통의 한계를 인식하고 그것을 극복하려는 과학자들의 강력한 의지로부터 나온다는 점에 동의한다. 그렇다면 이처럼 과학적 시각의 변동, 전환, 혹은 진보를 모색하려는 의지, 곧 '달리 생각하는 방법'을 추구하려는 의지의 정체는 무엇인가? 쿤에 따르면,

> …기존 연구전통에 공고히 기초한 연구만이 그러한 전통을 타파하고 새로운 시각을 창출해 낼 수 있다… 성공적인 과학자들은 전통주의자traditionalist이자 동시에 우상파괴자iconoclast의 성격을 동시에 나타내는 경우가 많다… 과학자들은 연구전통을 철저히 준수해야만

---

3) 여기에서 연구전통이란 "연구영역에 있어서의 실체와 과정, 그리고 연구문제를 탐색하고 이론을 구축하는 데 사용되는 적절한 방법에 관한 일단의 과정"이라는 라우든의 정의(Laudan 1978, 81)에 더해 연구문제 선택에 있어서 범주의 일관성과 독특성, 정서적 · 학문적 연대의식에 따른 연구자들의 조직화와 통합을 포함하는 광범위한 의미로서 사용된 것이며, 따라서 라카토시의 연구프로그램이나 쿤의 패러다임을 모두 포괄하는 것으로 간주될 수 있다.

한다. 왜냐하면 바로 그럼으로써 전통을 성공적으로 격파할 수 있기 때문이다…(Kuhn 1977, 227)

쿤은 이로부터 정상과학적normal scientific 지식의 축적은 패러다임 내의 "필수적 긴장essential tension"을 야기할 경우에 한해 전환의 역동성을 창출해 낼 수 있다고 주장한다. 쿤에게 있어서 과학체계의 전환은 현존 패러다임으로서는 결코 설명할 수 없는 변칙현상anomalies과의 조우를 통해 달성된다. 이러한 조우는 결코 우연히 이루어지는 것이 아니며, 정상과학연구의 진행과정에서 필연적으로 생성되는 새로운 시각이 옛 시각과 지속적으로 충돌함으로써 조성되는 이론적·방법론적 긴장의 소산이다. 요컨대 필수적 긴장의 근원은 곧 기존 세계관을 탈피하여 새로운 세계관, 새로운 분석시각을 구축하려는 창조적 의지라고 볼 수 있다. 이 책은 바로 이러한 창조적 의지와 과학적 진보의 관계에 대한 과학철학자, 과학자들의 견해를 추적한 여덟 편의 글을 수록하고 있다. 우선 제1부 <과학의 진보>에 수록된 글들을 요약해 보면, 러빈저(L. Loevinger)의 단상 *The Paradox of Knowledge*(1995)를 해제한 최별의 글(제1장)은 지식의 확장이 무지의 영역을 축소시킬 것이라는 통념의 위험성을 경고한 원저자의 논점을 부각시키고 있다. 즉, 천문학을 비롯한 경성과학hard science[4]의 전개과정을 살펴볼 때 지식의 급속한 축적에도 불구하고 무지의 영역이 줄어들기보다는 오히려 확장되는, 다시 말해서 기지가 새로운 무지의 영역을 지속적으로 노정시키는 패러독스가 반복되어 왔다는 것이다. 이처럼 한 시대를 풍미했던 과학적 지식과 이론은 또 다른 의문과 한계점을 낳아 스스로 붕

---

4) Hard science. 자연현상처럼 속성이 상대적으로 안정적인 현상을 대상으로 보편적 설명력과 예측력을 확보한 법칙을 도출하거나 적용하는 과학체계를 총칭하는 용어.

괴되어 새로운 이론으로 대체되는 과정이 반복되었고, 따라서 무지야 말로 과학적 지식의 축적, 곧 진보의 추동력이라는 패러독스를 받아들여야 한다는 것이다.

다음으로 쿤의 *The Essential Tension: Tradition and Innovation in Scientific Research?*(1997)를 해제한 박상현(제2장)에 따르면, 원저자는 패러다임을 벗어나는 원심적 사고divergent thinking를 지나치게 강조하는 경향에 대해 경계하면서 구심적 사고convergent thinking의 중요성을 역설하고 있다. 과학적 창의성을 확보함에 있어서 원심적 사고와 구심적 사고는 동전의 양면과도 같다는 것이다. 박상현은 이러한 견해가 과학사학자이자 동시에 과학철학자라는 쿤의 학문적 배경에 영향을 받은 것으로 보고 있다. 즉, 쿤은 모든 과학체계에 본연적으로 내재된 혁명성에 주목하여 전환의 추동력이 새로운 시각에 대한 무조건적 추구가 아닌 기존 패러다임의 충실한 준수로부터 나온다고 보았다는 것이다. 또 쿤이 이러한 주장을 뒷받침하기 위해 자연과학이 교조적教條的 교육방법을 통해 급속한 발전을 이룰 수 있었다는 사실을 역사적으로 예증하고 있다는 점에 주목하고 있다.

제3장에 수록된 이미나의 글은 포퍼의 *The Growth of Scientific Knowledge*(1985)를 다루고 있다. 이미나에 따르면 포퍼는 지속적 성장을 과학적 지식에 내재된 본질적 속성으로 간주하고 있다. 이러한 맥락에서 과학(과학적 지식)의 성장은 기존 이론을 비판적으로 검증함으로써 보다 나은 이론, 논박 가능한 새로운 이론을 제시하는 동시에 만족스러운 이론이 갖추어야 할 요건을 제시하는 방식으로 달성

된다. 즉, 과학적 지식의 성장은 기존 이론의 타당성을 논파論破할 수 있는 합리적이자 경험적인 근거를 확보함으로써 그러한 이론을 보다 강력한 설명력을 지닌 이론으로 대체하는 방식으로 전개된다. 요컨대 과학은 일단 '무엇인가 잘못되었다'라는 문제의식에서 출발한 후, 발견된 문제를 해결하기 위한 가설을 새롭게 제시하고, 수많은 시행착오를 거쳐 그 가설을 반증하는 과정을 통해 성장한다는 것이다.

마지막으로 역시 포퍼의 *Knowledge and the Shaping of Reality: the Search for A Better World*(1994)를 해제한 박신영(제4장)은 지식생산이란 곧 진리를 추구하는 행위이며, 이는 시행착오를 통한 지속적 오류보정을 통해 이루어진다는 원저자의 견해에 주목하고 있다. 즉, 포퍼에 따르면 실존세계는 물리적 사물로 구성된 제1세계, 인간의 의식적·무의식적 관측과 인지의 소산인 제2세계, 그리고 제1세계와 제2세계의 교호작용으로 구축된 제3세계로 구분된다. 우리가 경험하게 되는 실재實在는 1, 2, 3세계 사이의 상호작용에 따라 형성되며, 이 상호작용이 포함하는 환류에 의해 시행착오를 통한 오류보정이 이루어질 수 있다. 포퍼는 과학적 연구에 있어서 가장 중요한 세계는 바로 의식적 비판을 가능하게 하는 제3세계라고 주장한다. 즉, 오로지 인간만이 의식적이자 합리적인 비판을 통해 과학의 장場을 자연선택natural selection에서 말하는 혈투血鬪의 장이 아닌 비폭력적이자 이성적인 사고의 장, 즉 '더 나은 세상'으로 재구축할 수 있다는 것이다.

다음으로 제II부 <과학적 창조성 - 발견과 탐구>에 수록된 글들을 역시 순서대로 요약해 보면 아래와 같다.

김윤환(제5장)에 따르면 슬로뷔첵(F. Slowiczek)과 피터스(M. Peters)의 짧은 글 *Discovery, Chance and the Scientific Method*(2011)는 과학연구에서 마주치게 되는 '예상치 못한 사건'에 주목해야 한다고 강조한다. 왜냐하면 페니실린의 발견과 같이 과학의 발전은 '우연'에 적지 않은 빚을 지고 있기 때문이라는 것이다. 이러한 맥락에서 두 원저자는 말 그대로 예기치 않게 발생한 사건이든 아니면 어느 정도 예측할 수 있는 범위 내에 존재하는 사건 가운데 하나가 갑자기 일어난 것이든, 우연과 과학적 방법은 결코 양립 불가능한 것이 아니라고 본다. 즉, 흔히 체계화된 절차를 준수한다는 점과 연구결과에 영향을 미칠 수 있는 요인들을 통제한다는 점을 과학적 방법의 가장 두드러진 속성으로 지적하고 있고, 이러한 통념에 따르면 과학적 연구에 있어서 우연이 차지하는 역할은 매우 적거나 전혀 없어야 하지만 역사적으로 볼 때 우연과 과학적 방법은 항상 병존해 왔다는 것이다.

다음으로 제6장은 고대 그리스 예술론, 특히 모방imitation의 관념을 통해 과학적 연구의 창의성을 논의한 파이어라벤드(Paul K. Feyerabend)의 *Creativity*(1978)를 다루고 있다. 필자 김치호에 따르면 파이어라벤드는 개인적 창의성을 강조한 기존 관념, 특히 아인슈타인(Albert Einstein)의 견해를 비판하면서 개인적 창의성은 인간이 자연으로부터 분리된 독립적 존재가 될 수 있을 경우에만 의미를 갖는다고 주장한다. 그런데 이처럼 객관적 세계와 주관적 인식을 구분하는 분리주의적 관점에서 제시된 개인적 창의성의 관념은 과학자들이 과학공동체의 일원이라는 점을 간과하고 있으며, 따라서 창의성에 대한 논의는 어디까지나 공동체적 인간의 관점에서 진행되어야 한다는 것이다.

Creative Research: Description of Some Signposts to Unknown Areas
를 해제한 제7장(김윤환)에 따르면 원저자 윈터(Jenny Winter)는 지금
까지 과학자, 과학철학자들이 과학을 "문제풀이"로 정의하여 그와 관
련된 두 가지 화두, 즉 "발견의 맥락context of discovery"과 "정당화의 맥락
context of justification"에 논의를 제한해 왔다는 점에 주목한다. 윈터는 이로
부터 한 발짝 물러나 창의성을 담지한 연구문제를 묘색하기 위한 네
가지 방법을 다음과 같이 제안하고 있다. ① 이론적 논쟁이 전개되고
있는 분야를 찾아 해당 논쟁과 관련된 모든 사실관계를 면밀히 살펴보
고 대립적 입장을 아우를 수 있는 새로운 이론을 찾아 나서라. ② 연구
방식에 대한 강박관념에서 벗어나라. 즉, 기존 이론이나 사고의 틀에
들어맞지 않는 현상이라 할지라도 관심을 가져라. ③ 우연히 조우한
현상들을 지나치지 말고 주의를 기울여라. 연구나 실험에서 기대하지 않
았던 결과가 나올지라도 적극적으로 수용하여 면밀히 살펴보라. ④ 일탈
사례exception를 찾아라. 즉, 일탈사례를 무시하거나 변명하려 하지 말고
중요한 사실로 인정하라.

마지막으로 제8장에 수록된 양일국, 김윤정, 황수환의 글은 창조적
과학사회를 구축하기 위해서는 교조적 맹신과 연구전통의 억압성을
혁파해야 한다고 역설한 파이어라벤드의 *Fairwell to Reason*(1987)을
해제하고 있다. 우선 필자들은 파이어라벤드가 모든 과학행위에 공통
적으로 적용될 수 있는 '성공을 보장하는 지침'이란 애당초 존재하지
않았음을 다양한 역사적 사례를 통해 보여주고 있다는 점에 주목한다.
그리고 '모범적' 과학행위의 정형을 연구자들에게 강요하는 과학계의
풍토를 파시즘에 비유한 비판을 소개한 후, 과학연구에 다양한 가치

관, 심성과 철학적 논거가 자유롭게 투영될 수 있도록 하기 위해서는 무엇보다도 먼저 합리성, 이성처럼 '듣기 좋은' 어휘로 포장되어 있는 억압구조를 타파해야 한다는 파이어라벤드의 견해를 요약하고 있다.

과학행위의 추동력은 지식의 경계를 확장하고 불확정성을 극복하려는 과학자들의 본연적 욕구라고 말할 수 있다. 그러나 그러한 욕구를 충족시키기 위해 정상과학의 획일적 교조에 함몰되는 과학자들은 연구문제의 선택과 풀이에 있어서 창의성을 상실한 '판박이 과학자'로 전락하여 과학패권의 피라미드를 쌓는 작업에 무의식적으로 참여하게 된다(김웅진 2009, 65). 즉, 창의성의 상실은 강압적 연구전통의 신성화와 그에 따른 지식의 화석화petrification를 초래할 뿐이다. 과학적 창의성의 의미와 본질, 그리고 창의성과 과학의 진보의 관계에 대한 전면적 재성찰이 요구되는 것은 바로 그때문이다.

참고문헌

김웅진. 2009. 『과학패권과 과학 민주주의』 서울: 서강대학교출판부.

Lakatos, I. 1986. *The Methodology of Scientific Research Programmes*. London: Cambridge University Press.

Laudan, L. 1978. *Progress and Its Problems, Towards a Theory of Scientific Growth*. Berkeley · LA · London: University of California Press.

Kuhn, T. 1970. *The Structure of Scientific Revolutions*. Chicago and London: University of Chicago Press.

_____. 1977. *The Essential Tension*. Chicago and London: University of Chicago Press.

Popper, K. 1985. "The Growth of Scientific Knowledge," in D. Miller, ed. *Popper Selections*. Princeton, N. J.: Princeton University Press.

I 부

과학의 진보

제1장 끊임없는 놀이로서의 과학: 지식의 패러독스[1]

최별

어린아이들의 놀이는 단순하면서도 꽤 자극적이다. 예를 하나 들어보자. 누구나 한 번쯤은 해봤을 땅따먹기. 아이들은 남보다 더 넓은 땅을 갖기 위해 엄청난 집중력을 발휘하곤 한다. 비단 땅따먹기 같은 놀이뿐만 아니라, 역사적인 전쟁이나 일상적인 연애만 돌아봐도 항상 무언가를 정복하고, 이기고 싶어 하는 것이 인간의 기본적인 심성이라는 것을 알 수 있다. 이처럼 대상을 좀 더 갖고 싶어 하거나, 그 대상에 대해 좀 더 알고 싶어 하는 마음은 새삼스러운 것이 아닌 인간의 원초적인 욕구이다. 예를 들어 누군가와 교제한다면, 더 나아가 누군가와 함께 산다면 우리는 시간이 흐름에 따라 그 사람에 대한 애정이 깊어짐은 물론이고, 그 사람의 모든 생활에 대해 더 많은 것을 알게 되리라 기대할 것이다. 러빈저(Lee Loevinger, 1943-2004)는 그의 짧은 글 *The Paradox of Knowledge*(1995)에서 이러한 기본적인 욕구가 지식생산에도 적용되며, 또 사람들은 언젠가는 완벽한 지식을 얻을

---

[1] Loevinger, L, 1995. "The Paradox of Knowledge," in *Skeptical Inquirer* 19:5, pp.18-21. 이하 PK로 표기함.

때가 올 것이라 기대한다고 말하고 있다.

> …아주 오래 전부터 계속된 인류의 발전은 현재 우리의 가장 큰
> 성과이자 재산이라고도 할 수 있는 지식의 축적을 이뤄냈다. 최초
> 하나의 지식 그 자체의 발견으로부터 시작된 지식의 축적은, 우리
> 가 살고 있는 세계와 사회에 대한 것, 더 나아가 우주만물에 대한
> 것으로 확장되었다. 이 모든 것을 통틀어, 우리는 "문명civilization"이라
> 한다. 이 "문명"은, 우리가 사용하는 언어, 과학, 문학과 예술을 포
> 함하여, 이 사회의 모든 물질적인 제반 구조와 사회규율, 도구 등
> 전반적인 사회 문화를 포괄적으로 나타내는 단어이다. 대부분의 사
> 람들은 계속 늘어나는 현대 사회의 지식이 세상 곳곳을 더욱 빈틈
> 없이 채워나갈 것이라 생각한다. [쉽게 말해, 사람들의 기대대로라
> 면] 지식의 축적은 더욱 발전된 사회의 구조가 되거나, 새로운 정보
> 의 집합체가 되어 지속적으로 이 세상의 무지無知의 분야를 줄여나
> 갈 것만 같다. 하지만, 지식의 축적은 우리에게 여전히 존재하는 광
> 대한 무지의 영역을 남겨 놓았다. 이 광대한 무지의 영역의 발견은
> 사람들의 기대가 얼마나 순진한 것인지에 대해 다시 한 번 생각하
> 게 한다…[PK, 18]

어떠한 것에 대해 완벽히 알 수 있는 경지가 과연 있는 것일까? 쉽
게 생각해 보자. 무엇인가를 파악하는 인간의 여러 능력 중 한 가지
는 '볼 수 있는' 능력이다. 책상 위에 컵이 놓여 있다 하자. 일정한 각
도에서는 빨간 색의 컵이 보인다. 그런데 컵의 뒷면을 보면 손잡이가
달려 있다. 또 위에서 내려다보면 그 안에 무엇이 담겼는지 알 수 있
다. 아래에서 본다면 이 컵의 또 다른 특징을 발견해 낼 수 있을 것이
다. 이처럼 우리가 어떤 대상을 인식하는 순간부터 그 대상에 대해
모르는 것들이 늘어나게 된다. 이처럼 모르는 것들, 아직 파악되지 않
은 것들은 더 큰 수고를 들여야 알 수 있게 된다. 또 다른 예를 들어
보자. 갑과 을이 바나나에 관해 대화하고 있다. 갑은 바나나에 대해

질문을 할 것이고, 을은 그에 대해 아는 대로 하나씩 대답을 하되 거짓말은 하지 않을 것이다.

□ 을은 오늘 바나나를 처음 봤다.
▶ 갑: 바나나는 무슨 색이니?
▶ 을: 노란색이야.
▶ 갑: 바나나 껍질은 어떻게 까는 게 쉽니?

□ 을은 여러 번의 시행착오를 겪은 후 대답한다.
▶ 을: 꼭지 부분을 꺾어서 까면 돼.
▶ 갑: 바나나 속은 무슨 색이니?
▶ 을: 지금 내가 본 것은 하얀색이야.
▶ 갑: 맛은 어때?

□ 을은 한 입 먹어보고 말한다.
▶ 을: 달콤하고, 부드러워.
▶ 갑: 바나나에는 어떤 영양소가 들어 있어?

을은 과학적으로 연구하고 분석한 후 이러한 질문에 답할 수 있을 것이다. 그리고 대화가 길어지면 길어질수록 바나나에 관한 갑과 을의 지식은 넓어지고, 많아질 것이다. 그러나 과연 이 둘이 바나나에 대해 '완전히 알게 될' 순간이 올 것이라 확신할 수 있을까? 과연 그때에 이르면 더 이상 바나나에 대해 새로운 점을 발견하지 못하게 될까? 러빈저는 이처럼 꼬리에 꼬리를 무는 지식의 발전과정을 역사적으로 살펴보고 있다. 긴 시간에 걸쳐 발전한 천문학은 한때 타당한 통칙 generalizations으로 받아들여졌던 것들이 뒤집히고 개선되면서 지식이 어떻게 이어져 왔는지를 잘 보여준다. 이로부터 그가 지적하려는 것은 기지既知의 영역에 도달했을 때 또다시 발견되는 무지無知의 영역이다.

…하지만, 지금까지의 도구의 발전, 분석의 정교화, 컴퓨터의 방대한 처리능력으로 이루어지는 계산 등 지식의 대규모 축적에도 불구하고, 여전히 우리는 태양계 내의 행성과 다른 요소들의 움직임을 정확하게 예측하지 못한다. 사이언스뉴스의 편집장이자 과학저술가인 피터슨(Ivars Peterson)은 그의 저서 *Newton's Clock*(1993)에 놀라울 정도로 미묘한 혼돈이 태양계에 만연하다고 밝혔다. 그는 다음과 같이 말하고 있다.

태양계의 안정성에 대한 문제는 200년 넘게 여러 모로 천문학자들과 수학자들을 매혹시키기도 하고 괴롭히기도 했다. 오늘날의 전문가들에게는 당혹스러울지 모르겠지만, 이 문제는 여전히 천체 역학의 분야에서 해결되지 못한 문제로 남아 있다. 이와 관련된 여러 문제들을 해결하기 위해 한 걸음 더 나아갈수록, 추가적인 불확실성과 더욱 깊은 수수께끼만을 드러낼 뿐이기 때문이다…[PK, 20]

…더 나아가, 인류는 우주의 엄청난 팽창 속도를 지금의 기술로는 따라잡을 수 없다. 천문학자들이 아무리 새로운 기술을 이용하여 우주 관측 결과를 내놓아도, 새롭게 알아 낸 결과는 그 시점에 늘어난 우주의 질량의 10분의 1에도 못 미친다. 결국 지식 확장의 속도는 우주 팽창의 속도를 따라잡지 못하고, 그 차이는 점점 벌어져가고 있다. 이는 우리가 우주에 대해 완전히 아는 것은 고사하고 점점 모르게 된다는 사실을 보여준다. 따라서 지금까지도 알려지지 않은 우주 질량의 90% 이상은 일종의 "암흑 물질dark matter"2)로 구성되었다고 믿어지며, 이는 아직까지 관측된 바 없고 그 특성 또한 밝혀지지 않았다. 오늘날의 이론들은 WIMP3), 또는 MACHO4)로

---

2) [역주] 아직 암흑 물질이 어떤 입자로 만들어졌는지는 알려지지 않았다. 이를 암흑 물질 문제(dark matter problem)라 한다. 현재, 학계에서는 아직 발견되지 않은 입자 (초짝입자나 액시온 따위)일 것이라는 이론이 주류다. 암흑 물질은 우주의 물질의 대략 22%를 차지하며, 나머지는 가시광선으로 관측할 수 있는 물질과 암흑 에너지로 이루어진다.

이 미지의 우주 질량들을 표현한다. 게다가 이와 유사한 각 분야의 풀래야 풀 수 없는 수수께끼들은 우리의 관측능력이 향상될수록 늘어나고 있다…[PK, 21]

맥 빠지는가? 혹시 천문학이 너무나 광대한 우주를 대상으로 하는 과학이기 때문에 어쩔 수 없다고 믿고 싶은가? 그러나 생물학이나 의학, 생명과학의 진보 등 대부분이 과학 분야 역시 천문학과 비슷한 발전과정을 겪어 왔으며, 연구과제의 핵심은 여전히 풀리지 않은 채 인류의 발목을 잡고 있다.

　…토마스(Lewis Thomas, 1913-1993)에 따르면, 의학이야말로 1930년대가 되어서야 진정한 과학이 된, 가장 젊은 과학 분야이다. 최근까지 지속되는 의학 연구는 생명이 어떻게 시작되는지, 또 언제 왜 죽게 되는지와 같은 가장 기본적이면서도 [풀리지 않는] 개념에 매달려 있다. 한편, 우리는 여전히 인간의 유전자에 대해 얼마나 알 수 있을지 연구하기 위해 수십억씩 투자하고 있다. 현대 의학은 명백히 우리의 기대 수명이 길어지게 했고, 질병의 치료와 완화를 도왔다. 또 성과는 연구가 진행되면서 더욱 더 늘어나고 있다. 하지만, 이러한 성과를 감히 작은 것으로 볼 수 있는 이유는, 현재까지 밝혀진 우리 몸에 대한 의문들이 너무나 방대하기 때문이고, 더 나아가 밝혀지지 않은 수수께끼들은 그 방대함을 넘어서기 때문이다. 인간 게놈 프로젝트와 관련된 문제들이 나타내듯, 우리의 연구 자원이 증가하는 것 보다 훨씬 빠른 속도로 의학 내의 새로운 문제들이 떠오르고 있다…[PK, 21]

---

3) [역주] 우주의 유력한 암흑물질 후보로 떠오르고 있는 소립자로 'Weakly Interacting Massive Particles'의 약자이다. 우주가 생성된 직후에 생성된 것으로 추측되며, 다른 입자와 반응하거나 스스로 붕괴하는 일이 없어 검출이 어렵다. 그러나 입자 하나의 무게는 매우 무겁다. 한편, 이 물질의 존재여부에 따라 우주의 밀도나 미래를 예측할 수 있을 것이다.

4) [역주] 'Massive Astrophysical Compact Halo Objects'의 약자이다. 앞선 WIMP와 마찬가지로 우주의 유력한 암흑물질 후보이며, MACHO는 중입자重粒子로 이루어져 있으면서 거의 빛을 내지 않으며 우주 공간 내부에서 다른 입자들과 전혀 상관없이 떠돈다. 발광하지 않기 때문에, MACHO를 관측해 내기는 매우 어렵다.

결국 러빈저는 과학적 지식이 확장되면 될수록 무지의 영역이 축소될 것이라는 기대가 얼마나 순진한 것인가를 보여준다. 과학자들은 한편으로는 언젠가 모든 것을 알게 되리라는 기대와 열망, 또 한편으로는 그때가 이르면 과학이 종식될지도 모른다는 두려움을 가진 채 연구를 진행한다. 그러나 흔히 생각하는 것과 달리, 앎이 확장될수록 무지가 무섭게 퍼져나간다. 결국 안다는 것과 모른다는 것은 과학적 연구의 두 얼굴이다. 즉, 무엇인가를 안다는 것은 바로 그 무엇을 제외한 다른 것을 모른다는 인식을 낳고, 그러한 인식은 모르는 것을 알려는 욕구를 불러일으킴으로써 지식이 점차 확장된다. 꼬리에 꼬리를 무는 궁금증, 그리고 그러한 궁금증을 풀어나가면서 얻었던 승리감과 쾌감은 미처 발견하지 못했던 무지의 영역과 만나는 순간 별 것 아닌 객기로 무너져버린다. 과연 이러한 무지의 무한함에 통탄해야 하는가? 러빈저는 포퍼(Karl popper, 1902-1994)의 견해를 빌어 다음과 같이 말한다.

> ···따라서 과학이 지식을 확장함으로써 모든 무지의 영역을 종식시켜줄 것이라는 생각은 환상에 불과하다. 이미 과학자들과 철학자들도 과학연구가 단순히 관측에서 시작되어 이론으로 발전하고, 실험을 통한 증명으로 끝난다는 환상에 속았던 자신들의 순진성을 인식하기 시작했다. 칼 포퍼는 *The Growth of Scientific Knowledge* (1960)에서 과학은 관측이 아니라 [연구]문제problem로부터 시작되며, 모든 새로운 이론은 새로운 문제들을 자아낸다고 주장했다. 그는 이러한 연속성이 "무지의 무한함infinity of our ignorance" 덕분이며, 따라서 과학이 그 역할을 다해 "종식"되는 일을 결코 없을 것이라고 말한다···[PK, 21]

러빈저는 이러한 맥락에서 더 재미있게 놀 수 있는 방법을 제시한다. 우리가 관측한 모든 것들, 우리가 발견한 모든 것들, 과학적 지식은 끝없이 이어지는 지적 유희遊戱의 한 소산일 뿐이다. 한 아이가 놀이터에서 모래성을 쌓고 있다 하자. 그 아이가 모래성을 쌓은 과정, 즉 쌓다가 무너지기도 하고, 또 일부러 무너뜨리기도 하면서 머릿속에 있는 대로 만들어 내는 과정은 그 자체가 놀이이다. 하지만 그 아이가 만들어 놓은 것은 곧 무너져버릴 힘없는 모래성일 뿐이다. 우리는 그 놀이 자체에 집중할 것인가, 집에 가서 하룻밤 자고 오면 허물어져 있을 모래성에 집중할 것인가.

> …쿤(Thomas Kuhn)이 *The Structure of Scientific Revolutions*(1962)을 저술한 이래 대부분의 과학자들은 관측은 이론(쿤을 비롯한 여러 철학자들은 이를 패러다임이라고 부른다)의 결과일 뿐이라는 것을 인식하고 있다. 일정한 판단기준을 통해 과연 어떤 이론이 적절한지를 먼저 따져보지 않으면[5] 어떠한 관측을 해야 할지 결정할 수 없게 되는 문제가 유발되기 때문에 관측이 과학연구의 시작이 될 수는 없다. 다시 말해, 그 누구도 인간의 본연적 한계를 뛰어넘을 수 없기 때문에 모든 것을 완벽하게 알 수는 없다. [따라서] 완전한 지식을 위해 단순히 더 많은 정보와 자료를 얻으려 노력하는 것은 그다지 가치 있는 일이 아니다…[PK, 21]

결국 인류가 과학을 하는 이유에 대해 다시 성찰해 보아야 한다. 단순히 더 많은 것을 알아내 지식의 영역을 확장시키는 것이 과학과 과학자들의 목표가 될 수는 없다. 무지의 영역이 훨씬 더 빨리 확장되고 있다는 것을 보지 않았는가. 그렇다면 인류는 과학 그 자체, 처음부터 시작된 궁금증과 물음 그 자체를 즐겨야 하지 않을까? 아는

---

5) [역주] 지금까지 선행되어왔던 연구들에서 얻게 된 논리적이고, 납득할만하다고 여겨지는 여러 규준들을 통해 이론이 적절한지 그렇지 않은지를 따지게 되면, 그 이론이 포함하고 있는 관측의 결과 역시 어느 정도 성공과 실패를 예상할 수 있다.

게 많아지면 많아질수록 모르는 것들이 확장되는 것. 이는 어쩌면 인류에게 주어진 가장 큰 선물이 아닐까. 러빈저는 결론에서 과학이 궁금증으로부터 시작되며, 이 궁금증이 바로 과학의 원동력이라 말한다. 즉, 이처럼 물고 물리는 관계는 비록 역설적이지만 그 자체로서 얼마나 재미있는 관계인지를 인식하고, 그러한 인식에 따라 과학이라는 유희를 계속하기 권하면서 글을 매듭짓고 있다.

> ···이 논의를 한 단계 발전시키기 위해서는 이론들은 물음의 결과이고, 이 물음들은 무지하다는 것을 인식한 이후부터 나타난다는 사실을 인정해야 한다. 따라서 무지는 지식생산의 원동력이며, 지식을 생산하기 위한 모든 행위는 또 다른 무지의 영역에 대한 발견으로 이어진다. 이는 서두에서 말한 지식, 알게 된다는 것의 역설을 말한다. 다시 말해서 지식이 증가할수록 무지 또한 증가하는 것은 물론, 무지의 영역은 우리가 지식을 생산하는 속도보다 훨씬 더욱 빠르게 확대된다.
> 지식과 무지의 관계를 나타내기 위해 매슈 아놀드(Matthew Arnold, 1822-1888)의 비유를 인용하고자 한다: "우리는 어스름 속의 평원에 있는 듯이 이곳에 있다···" 우리를 둘러싼 어둠은 무지이다. 지식은 우리가 밝힐 수 있는 촛불(또는 기술적으로 더욱 발전된 광원光源)의 개수이다. 우리가 더욱더 많은 촛불을 밝힐수록, 밝아지는 영역은 더욱 커진다. 그러나 밝은 부분 너머의 어두운 공간은 기하급수적으로 증가한다. 우리는 모르는 부분이 많다는 사실을 알게 되지만, 그 방대한 무지의 영역에 대해서도, 하나하나의 촛불을 켜 갈 때마다 그것이 넓어져 간다는 것만을 인식할 뿐, 그것이 어디까지일지는 알지 못한다. 우리가 아는 것은 한정적이지만 모르는 분야는 무한정하다. 그리고 한정적인 것은 무한정을 절대로 능가하지 못한다···[PK, 21]

매력적인 세상이다. 우습게도 인류는 끊임없이 생각하고, 탐구하고, 고민하지만, 강물에서 물 한잔 떠 마셔도 티 나지 않듯이 세상은 유유히 흘러간다. 혹시 인류의 끊임없는 고민과 지식에 대한 열망이 한심하게 느껴지는가. 그렇다면 그것은 이 글을 잘못 이해한 것이다. 끊임없이 찾아오는 무지, 알면 알수록 모르는 게 많아진다는 역설, 계속되는 자연으로부터의 도전이 인류가 고민하게 하고, 살아가게 하는 원동력임을 이해해야 한다. 이 원동력이 끊임없이 계속될 것이니 얼마나 다행인가. 인류가 가진 '한계', 얼마나 넓은 범위를 지칭하는 단어인지 혼란스럽게 만드는 이 말은 신이 인간에게 내린 가장 큰 선물이다. 역설적이게도 인간은 평생을 무한대로 자유롭게 생각하고, 자유롭게 고민할 수 있다. 적어도 인간이라는 '한계' 안에서는.

참고문헌

김웅진. 1999. "지식의 축적과 연구 전통의 진보: 방법론적 네트워크를 중심으로." 『한국정치학회보』 제33집 3호.

_____. 2009. 『과학패권과 과학 민주주의 - '열린 사회과학'의 모색』. 서울: 서강대학교출판부.

Kuhn, T. 1970. *The Structure of Scientific Revolutions*. Chicago and London: University of Chicago Press.

제2장 전통과 혁신의 역설:
쿤의 "필수적 긴장"1)

박상현

　　1959년 유타대학University of Utah에서는 '창의성creativity'에 관한 학술회의가 개최되었다. 연사로 나선 토마스 쿤(Thomas S. Khun, 1922-1996)은 기존의 틀을 벗어나고자 하는 원심적 사고divegent thinking와 패러다임을 철저히 따르는 구심적 사고convergent thinking가 창의성을 구성하는 필수요소로 마치 동전의 양면과도 같다고 주장한다. 그는 자신의 주장을 과학의 발전과정과 자연과학의 교육방법을 통해 뒷받침하며 원심적 사고에 비해 간과되어온 구심적 사고의 중요성을 강조한다. 진보와 혁신, 그리고 창의성과 언뜻 보기에는 관련이 없을 것 같은 구심적 사고를 쿤은 왜 그리도 강조했을까?

---

1) Khun, T. 1977. *The Essential Tension*. Chicago and London: University of Chicago Press, pp.225-239. 이하 ET로 표기.

1. 구심적 사고

일반적으로 '창의성'이라고 하면 기존에 없던 새로운 것을 창안하거나 발견해 낼 수 있는 능력을 말한다. 그러다보니 풀고자 하는 문제에 자유롭게 접근하고 그 답도 스스로 창안하려는 사고방식, 즉 원심적 사고遠心的 思考, divergent thinking[2]가 창의성의 대명사인 것처럼 여겨진다.

토마스 쿤은 이러한 풍조를 경계한다. 원심적 사고가 창의성을 구성하는 필수요소이긴 하지만 그에 못지않게, 기존의 틀을 유지하며 철저하게 따르는 구심적 사고求心的 思考, Convergent thinking[3] 역시 중요하다. 쿤은 과학의 발전과정에서 나타나는 혁명을 통해 이를 설명한다. 유연성과 개방성으로 대표되는 원심적 사고가 패러다임의 수정과 전환을 이끌지만 그에 앞서 구심적 연구가 바탕이 되어야만 한다는 것이다.

> "원심적 사고는… 다른 방향으로 나아갈 수 있는 자유이다… 낡은 해결책을 거절하고 새로운 방향으로 향하는 것이다."

> 저는 "원심적 사고"에 대한 이러한 묘사와 그 가능성에 대한 모색이 정당한 것이라고 생각합니다. 실제로 모든 과학적 작업을 특징짓는 몇몇 일탈divergence이 존재합니다. 또한 상당수의 일탈이 과학 발전과 관련한 중요한 사건의 중심에 놓여 있기도 합니다. 그러나

---

2) 일반적으로 'divergent thingking'은 확산적 사고, 'convergence thinking'은 수렴적 사고라고 번역한다. 그러나 이 글에서는 연구전통으로부터 이탈적인 사고와 반대로 전통에 부합하고자 하는 사고라는 의미를 더욱 명확히 나타내기 위해 각각 원심적(遠心的) 사고와 구심적(求心的) 사고로 번역하였다. 'divergent thinking'과 'convergent thingking'에 관한 특수교육학 용어 사전의 정의는 다음과 같다. "주어진 문제를 해결하기 위하여 다양한 대안들을 분석하고 평가하여 최종적으로 가장 적합한 문제를 선택해 가는 사고방식이다. 길포드(J. Guilford)가 지적 요인 가운데 생산적 능력을 수렴적 사고와 확산적 사고(divergent thinking)로 분류하면서 사용되었다. 수렴적 사고가 하나의 주어진 정보를 통하여 가장 안전하고 확실한 대안을 산출하는 것이라면 확산적 사고는 기존에 알려지지 않은 새로운 대안을 창출해 내는 능력을 의미한다. 대부분의 문제 해결력은 수렴적 사고와 확산적 사고가 함께 사용된다.(특수교육학 용어사전, 국립특수교육원, 2009, 도서출판 하우)"

3) 각주 2) 참고.

저는 과학적 연구를 수행하며 얻은 경험과 과학사에 관한 문헌을 공부하며 얻은 지식을 통해, 다음과 같은 의문을 품게 되었습니다. 그것은 바로 유연한 사고와 개방적 태도가 기초과학의 필수조건으로 너무 지나치게, 또 너무 배타적으로 강조되지는 않았는가 하는 것입니다. 그래서 저는 과학의 진보에 있어 '구심적 사고' 역시 '원심적 사고'만큼이나 필수적인 조건이라고 제안하려 합니다. 서로 다른 이 두 가지 사고방식은 충돌이 불가피하며 이러한 충돌은 때때로 둘 사이에서 균형을 유지하기 힘든 상태까지 이르기도 합니다. 따라서 이러한 신상상태를 견뎌낼 수 있는 능력, 다시 말해 두 가지 사고방식 중 어느 한쪽에 치우치지 않고 균형을 유지할 수 있는 능력은 뛰어난 과학적 연구를 위해 가장 중요한 요소 중 하나입니다.

역사적 관점에서 구심적 사고의 필요성을 조망하기 위해, 과학의 발전에서 "혁명revolutions"4)이 지닌 중요성에 초점을 맞추어 보려 합니다. 여기서 말하는 혁명은 과학 사회가 세계를 바라보는 전통적 방식을 포기하고 다른 관점을 따르게 된 사건들을 말합니다. 지동설, 진화론, 상대성이론의 등장이 이러한 혁명의 가장 대표적 사례입니다. 저는 초고에서, 과학사학자들은 지동설의 등장에 비해 파급력은 작지만 그 구조는 상당히 유사한 혁명적 사건들을 끊임없이 조우한다고 주장했습니다. 이러한 사건들은 과학의 진보에 있어 중심이 됩니다. 흔히 생각하는 것과 다르게, 대부분의 새로운 과학적 발견과 이론들은 기존 과학지식에 단순히 무언가를 추가하는 것이 아닙니다. 과학자들은 통상 새로운 발견과 이론들을 기존의 패러다임과 연구전통에 조화시키기 위해, 자신이 기반을 두고 있던 지적intellectual, 방법론적manipulative 도구들을 재구성해야 합니다. 또한 기존의 신념과 관습에서 새로운 의미와 새로운 관계를 발견하기 위해서는 그 일부를 포기해야만 합니다. 새것을 받아들일 때 옛 것은 반드시 재평가와 재정비가 필요하기 때문에, 과학의 발견과 발명은 본질적으로 혁명의 성격을 띠는 것이 보통입니다. 따라서 원심적 사고를 하는 유형의 사람을 정의하거나 특징짓는데 유연성과 개방적인 태도가 상당히 강조됩니다. 우리는 이러한 요구의 당위성을 인정해야 합니다. 만약 과학자들이 유연성과 개방성을 어느 정도 이상으로 갖추지 못한다면 과학은 혁명은커녕 아주 약간의 진보조차 이루기 어려울 것입니다.

---

4) [원문 주] *The Structure of Scientific Revolutions*(Chicago, 1962)

하지만 사고의 유연성만으로는 충분하지 않습니다. 유연성을 갖추었다고 해서 혁명이나 과학의 진보가 자연스럽게 일어나는 것은 아닙니다. 또한 그 부족함을 채워줄 무언가가 유연성과 양립할 수 있을지도 분명치 않습니다. 저는 혁명은 과학의 진보에 반드시 필요한 두 가지 상호보완적 측면 중 하나임을 강조하고 싶습니다. 설계단계부터 혁명적으로 수행된 연구는 거의 없습니다. 이는 아무리 위대한 과학자들이라 해도 마찬가지입니다. 설령 그런 연구가 있다고 하더라도 특별한 결과를 만들어 내는 경우는 극히 드뭅니다. 반대로, 정상과학 연구normal research는 그중 가장 뛰어난 것일지라도, 교육을 통해 주입된 단정적 합의a settled consensus를 기반으로 한 구심적 활동입니다. 그리고 이러한 합의는 이후의 과학자로서의 삶을 통해 더욱 강화됩니다. 대개 구심적 연구 혹은 절대적 합의를 바탕으로 이루어지는 연구는 궁극적으로 혁명을 초래하게 됩니다. 혁명과 함께 전통적 연구방법과 신념은 버려지고 새로운 것으로 대체됩니다. 그러나 과학적 연구전통의 혁명적 전환은 상당히 드물게 일어나며, 혁명을 위해서는 장기간의 구심적 연구라는 선행조건이 반드시 필요합니다…[ET, p.226-227.]

2. 자연과학의 교조적 교육법

자연과학의 교육은 학생들에게 문제에 접근하는 다양한 시각을 제공하기보다는 패러다임을 받아들일 것을 강요한다. 끊임없이 새로운 발견과 연구결과를 생산해 내는 자연과학이라는 분야가 역설적이게도 그 교육에 있어서는 극도로 경직되어 있다는 것이 상당히 놀랍다. 그러나 강고한 패러다임에 대한 교조적인 교육은 결국 혁신을 이끌어 낸다고 쿤은 주장한다. 교과서를 통해 기존의 연구전통과 패러다임을 철저히 학습해야만 한다는 것이다.

…창의성을 중요하게 생각하는 여러 분야 중에서, 자연과학 교육이 가지는 가장 두드러지는 특징은 전적으로 교과서를 통해 이루어진다는 것입니다. 일반적으로 화학, 물리학, 천문학, 지질학, 생물학 등 자연과학을 배우는 대학생과 대학원생들은 전공에 대한 지식의 대부분을 교과서를 통해 얻습니다. 학생들은 학위논문을 쓸 준비가 되기 전까지, 혹은 그에 준하는 수준에 이르기 전까지는 도전적인 연구를 시도하거나 다른 사람의 연구에 대해 평가하도록 요구받지 않습니다. 다른 과학자의 연구를 비평하는 것은 과학자로 인정받은 사람들끼리의 선문석인 소통행위입니다. 자연과학은 학생들이 전공과 관련해서 반드시 읽어야 한다고 권장하는 역사적 고전이나 "문헌readings"모음이 없습니다. 문헌을 통한 공부는 학생들에게 교과서에서 다루는 문제에 접근하는 다양한 관점을 제시할 수 있을 것입니다. 그러나 학생들은 문헌에 등장하는 개념과 연구 문제, 해解, solution의 표준 등이 이미 오래 전에 폐기되고 다른 것으로 대체되었다는 사실 또한 마주하게 될 것입니다.

그에 반해, 자연과학의 교육법은 학생들이 다양한 교과서를 통해 동일한 이론이나 원리가 조금씩 다르게 적용된 문제들을 접하게 합니다. 이러한 방식은 대부분의 사회과학과는 상당히 대조적입니다. 사회과학의 교육은 하나의 문제를 다루는 여러 관점들을 예시를 통해 가르치는 방식이 주를 이룹니다. 반면 자연과학은, 심지어 동일한 과목의 교과서로 채택되길 경쟁하는 책들의 경우에도, 주로 난이도와 세부적인 교육학적 차이만 있을 뿐 본질적인 내용이나 개념적 구조는 동일합니다. 자연과학 교육의 가장 중요한 특징은 교과서들이 문제와 해를 제시하는 방법에 있습니다. 과학교과서들은 과학자들이 풀어야 할 연구문제의 다양한 유형들을 제시하지 않습니다. 또한 그 해를 얻기 위해 사용할 수 있는 방법의 다양성에 대해서도 설명하지 않습니다. 가끔 서문에서 이에 대해 언급하는 경우도 있지만 흔치는 않습니다. 대신 교과서들은 과학자들이 받아들인 패러다임의 원형적 문제와 그 해를 제시합니다. 학생들은 교과서와 강의를 통해 이를 배우고, 그를 기반으로 이론적, 수학적 계산이나 실험을 통해 스스로 관련 문제를 해결하도록 교육받습니다. 그 어떤 방법도 이보다 더 효과적으로 '관습적 사유체계mental set or Einstellungen'를 형성할 수 없습니다. 다른 학문 분야에서는 가장 기초적인 과정에서만 이와 어느 정도 유사한 방식을 사용합니다.

심지어 학생들의 자율성을 가장 엄격히 제한하는 교육이론조차도 이러한 자연과학식의 교육방법을 금기시할 것입니다. 학생들이 방대한 기존 지식들을 배우는 것부터 시작해야 한다는 것에 우리는 모두 동의합니다. 그러나 한편으로 우리는 교육이 단순히 기존 지식을 습득하는 것 이상의 더 많은 것을 제공하기를 요구합니다. 사람들은 말합니다. 학생들은 아직 절대적인 해가 주어지지 않은 문제를 인식하고 평가할 수 있도록 교육받아야만 한다고. 또 앞으로 마주하게 될 문제를 풀 수 있는 다양한 방법들을 배워야만 한다고. 학생들은 문제를 푸는데 사용되는 방법이 타당한지 판단할 수 있도록 교육받아야 하며, 그들이 찾은 답이 그저 부분적 해일 수도 있음을 판단할 수 있게 교육받아야 한다고 말합니다. 저는 교육을 바라보는 이러한 입장에 대해 여러 측면에서 동의합니다. 허나 그럼에도 불구하고 우리는 반드시 다음의 두 가지에 대해 인지해야만 합니다. 첫째, 자연과학에서의 교육은 그 실존existence에 전혀 영향 받지 않는다는 자기본위적自己本位的특성을 가졌습니다. 다시 말해, 교육방법의 정당성이나 효율성 등에 대해 전혀 의심할 필요가 없다고 여겨진다는 것입니다. 자연과학 교육은 이미 확립되어 있는 전통에 따른 교조적敎條的, dogmatic 입문이며, 학생들은 이 전통에 대해 평가하는 법을 배우지 않습니다. 둘째, 적어도 도제관계의 제도를 따르는 시기 동안은, 완고한 전통만을 제시하는 방법이 결과적으로 혁신을 이끌어내는 데에 아주 훌륭한 역할을 담당했다는 것입니다…[ET, p.228-230.]

3. 과학자 집단의 확고한 합의와 패러다임

전통, 혹은 기존의 틀을 유지하는 것이 혁신과 진보를 창출하는데 큰 역할을 한다는 쿤의 주장은 자연과학의 세부 분야의 발전과정을 살펴보는 거시적 시각에서도 이어진다. 쿤은 물리학, 천문학 등 자연과학의 각 분야들이 확고한 합의를 이룬 이후에나 크게 발전할 수 있었다고 말한다. 최초의 합의 이전에도 핵심적 연구 내용들은 이미 수행되었다. 그러나 과학자들을 합의를 통해 각각의 현상과 연구들이라는 가지를 하나의 큰 줄기로 묶음으로써 큰 성공을 거두었다는 것이다.

…오늘날, 물리학 교과서는 '빛'이 파동의 특성과 입자의 특성을 동시에 지녔다고 설명합니다. 교과서에 수록되는 문제와 실제로 수행되는 연구문제도 이와 같은 설명에 따라 설계됩니다. 그러나 빛의 성질에 대한 이 같은 견해와 그 교과서들은 20세기 초에 일어난 혁명의 결과물입니다(과학혁명의 한 가지 특징은 과학교과서의 수정을 수반한다는 것입니다). 1900년 이전에는, 빛이 파동이라는 관점이 반세기 이상의 긴 시간 동안이나 마치 명백한 진리처럼 과학교과서에 수록되어 있었습니다. 과학자들은 빛의 성질에 대한 새로운 답을 찾는 것보다는, 빛은 파동이라는 확고한 법칙을 전제로 약간의 차이만 있는 연구문제들을 다루었습니다. 그러나 빛을 파동으로 보는 19세기 교과서의 전통 역시도 빛의 성질에 대한 최초의 견해는 아닙니다. 18세기를 거쳐 19세기 초까지, 뉴턴의 『광학』*Optiks* 을 비롯한 거의 모든 과학교과서는 빛이 입자의 성질을 갖는다고 학생들에게 가르쳤습니다. 이 시기의 연구들은 그 결과의 성공여부와 상관없이 빛이 입자라는 절대적 전제에 따라 설계되었습니다. 부차적인 변화들을 차치한다면, 빛의 성질에 대한 현재의 관점, 즉 빛이 파동과 입자의 특성을 동시에 지닌다는 관점은 뉴턴의 견해가 두 번의 혁명을 거치면서 형성된 것으로 볼 수 있습니다. 빛에 관한 세 가지 전통이 연속적으로 나타나는 과정은 한 전통이 구심적 연구를 통해 다른 전통을 배척해 가면서 이루어졌습니다. 만약 우리가 과학교육의 본질과 방식이 변한다는 사실을 적절히 받아들인다면, 이 세 가지 연구전통은 절대적 패러다임을 통한 교육의 구체적 유형들로 제시되었을 것입니다. 뉴턴 이후, 물리광학은 통상적으로 높은 구심성을 띠게 되었습니다.

그러나 빛에 관한 이론은 사실 뉴턴 이전에 이미 시작되었습니다. 뉴턴의 시대 이전의 광학은 예술이나 일부 사회과학과 유사한 양상을 띠었는데, 이는 현대 자연과학에서는 거의 찾아볼 수 없는 모습입니다. 태곳적부터 17세기 말까지, 물리광학 분야의 유일한 패러다임은 존재하지 않았습니다. 대신, 많은 과학자들이 빛의 본질에 대해 수많은 견해를 주장하고 발전시켰습니다. 아주 적은 지지만을 얻은 관점들도 있었지만, 그중 상당수가 광학의 한 학파로 발전했습니다. 당시의 역사가들이 새로운 관점의 등장과 그로 인한 기존 이론의 상대적 인기변화를 아주 잘 기록하였지만, 과학자들의 일치된 의견이나 합의에 대한 기록은 어디에도 존재하지 않습니다. 자연히 학계에 입문하는 사람들은 필연적으로 서로 대립되는 다양한 관점들을 접하게 되었습니다. 그들은 수많은 이론들을 검증해야 했는데, 각각의 이론들은 저마다 타당한 근거들을 가지고 있었습니다. 결국 과학자들은 여러 이론과 관점 중 하나를 선택하고 연구를 수행하지만, 자신이 선택하지 않은 이론의 가능성 또한 열어놓을 수밖에 없었습니다. 이와 같은 교육방법이 편견 없고, 새로운 현상에 민감하며, 자신의 분야에 대해 유연하게 접근할 수 있는 과학자를 육성하는데 적합하다는 것은 의심의 여지가 없습니다. 하지만 한편으로, 좀 더 자유로운 교육법이 시행되는 기간 동안, 물리광학이 큰 발전을 이루지 못했다는 것 또한 사실입니다.5)

저는 물리광학의 발전과정에서 나타나는 합의 이전의 국면이(우리는 아마도 이 시기를 원심적이었다고 말할 수 있을 것입니다), 기존 학문을 세분화하거나 재구성해서 발생한 경우를 제외한 모든 과학 분야에서 똑같이 존재했다고 믿습니다. 수학이나 천문학 같은 학문에서는 최초의 확고한 합의가 선사시대부터 존재했습니다. 역학이나 기하광학, 생리학의 일부 분야 등은 최초의 합의를 이룬 패러다임이 고대 그리스-로마 시대에 나타났습니다. 다른 대부분의 자연과학도 주요 연구문제들이 고대부터 논의되긴 했지만, 르네상스 이전까지는 첫 번째 합의를 성취하지 못했습니다. 물리광학의 첫 번째 확고한 합의는 앞서 살펴본 대로 17세기 말에나 등장했습니다. 전기학, 화학, 열역학은 18세기에 나타났습니다. 분류학이라는 하위분야를 제외한 생물학, 그리고 지질학은 19세기의 1/3이 다 지날 때까지도 이렇다 할 합의가 등장하지 않았습니다. 현 세기6)에는 아직은 미미하지만 일부 사회과학 분야에서도 첫 번째 합의가 출현하고 있습니다.

위에 언급한 모든 학문들은 합의 이후의 성숙단계로 접어들기 전에 이미 대부분의 중요한 연구들이 수행되었습니다. 각각의 분야에서 이루어진 첫 번째 합의의 본질과 그 시기에 대한 이해는, 절대적 패러다임의 등장 이전에 개발된 지적, 조작적 방법에 대한 꼼꼼한 검증 없이는 불가능합니다. 하지만 과학자들이 패러다임의 등장 이전에 이미 과학행위를 하고 있었다는 사실 때문에 성숙한 과학으로의 전환이 지니는 의미가 감소하지는 않습니다. 오히려 역사

---

5) [원문 주] 뉴턴 시대 이전의 물리광학의 역사에 대해서는 바스코 론키(Vasco Ronchi)의 『빛의 역사 *Historie de la lumière*』에 잘 설명되어있다. 그는 이 책에서 내가 아주 조금밖에 다루지 못했던 부분에 대해 아주 잘 담아냈다. 뉴턴의 작업으로부터 무려 2000년이나 앞선 시기에 이미 물리광학에 있어 수많은 핵심적 공헌들이 존재했다. 사회과학이나 예술처럼, 자연과학에서도 합의는 진보의 전제조건이라고 할 수는 없다. 그러나 우리가 과학의 진보를 사회과학이나 예술의 진보로부터 구분하는 문제에 있어선 전제조건이 된다.

6) [역주] 20세기 중후반

를 통해 우리는 합의의 필요성을 확인할 수 있습니다. 철학이나 예술, 정치학처럼 확고한 합의가 없더라도 과학행위를 할 수 있지만, 이러한 유연한 방식으로는 인류가 최근 몇 세기에 걸쳐 이룩한 급속한 과학적 진보의 양상을 만들어 내지 못했을 것입니다. 근래의 과학적 발전은 하나의 합의로부터 다른 합의로 대체되며 이루어졌습니다. 절대적 합의와 그에 대한 대안적 접근방식의 경쟁은 일반적인 모습과는 사뭇 다릅니다. 특별한 경우를 제외하고, 이미 성숙 단계에 접어 든 분야의 과학자들은 패러다임과 일치하지 않는 설명과 실험에 대한 겹열을 멈추지 않습니다…[ET, pp.230-232.]

어쩌면 확고한 합의가 가져다주는 가장 큰 이점은 시간과 노력의 낭비를 막는다는 점에 있을 것이다. 우리가 수학문제를 풀기 위해서 '1+1=2'라는 것을 증명할 필요가 없듯이 과학자 집단의 합의는 연구 과정에서 만나게 되는 수없이 많은 무의미한 변칙현상을 설명하는데 드는 시간과 노력을 아낄 수 있게 해준다.

…연구를 실행함에 있어서도 협약을 유도하는 실질적인 문제가 있습니다. 모든 연구문제는 항상 연구자가 확실히 규정하지 못하는 변칙현상anomalies을 수반합니다. 관측된 현상은 연구자의 이론과 완벽하게 일치할 수 없습니다. 동일한 현상을 수없이 반복해서 실험하고 관측하더라도 각각의 결과는 절대 똑같을 수 없습니다. 따라서 그 실험은 풀어야 할 또 다른 이론적, 현상학적 연구 과제를 부산물로 남기게 됩니다. 각각의 변칙현상들 혹은 연구자가 완벽하게 이해하지 못한 현상들은 과학적 이론이나 방법의 근본적 혁신의 실마리가 될 수 있습니다. 하지만 변칙현상들을 일일이 다 조사한다면 최초의 연구과제는 절대 완성할 수 없을 것입니다. 우리는 많은 연구보고서들을 통해 아주 특별한 경우를 제외하고 대부분의 불일치현상discrepancies은 시간적 여유만 있다면 기존의 이론을 통해 해결할 수 있음을 알 수 있습니다. 연구자들은 현재 통용되는 지배적 이론에 대한 믿음을 기반으로 대부분의 변칙현상들을 아주 사소한 것으로 취급하게 되는데, 이는 그들의 시간과 재능을 쓸데없이 낭비하지 않도록 도와줍니다…[ET, p.236.]

4. 전통에서 혁신으로의 전환

구심적 사고와 자연과학의 교육법, 그리고 과학자 집단에서 이루어지는 합의 등 전통을 충실히 따르는 것이 어떻게 혁신을 이끌어낼 수 있을까? 이러한 의문에 대한 쿤의 대답은 과학의 진보를 바라보는 그의 과학철학적 입장이 반영되어 있다. 쿤은 과학적 이론을 절대적 진리라고 보지 않으며 과학적 진보의 과정을 혁명으로 보았다. 기존의 지배적 패러다임으로 설명되지 않는 변칙현상을 조우하면서 패러다임의 전환이나 수정 혹은 유지가 이루어지며 이는 과학 외적인 요소에 다분히 영향을 받는다는 것이다.

패러다임의 전환은 쉽게 이루어지지 않는다. 기존의 패러다임을 심각히 위협할 만한 변칙현상들이 충분히 축적되어야만 한다. 그러나 앞서 살펴봤듯이 연구자는 연구수행 중 무수히 많은 변칙현상을 조우한다. 따라서 발견된 변칙현상이 패러다임과 정말로 상충하는 것인지 알기 위해서는 반드시 기존 이론과 패러다임에 대한 끊임없는 탐구와 명확한 이해가 수반되어야 하는 것이다.

> …저는 확고한 전통에 기반을 둔 연구가 정상과학이 풀지 못한 난제와 그 전통이 지닌 위기에 지속적으로 주의를 기울이도록 하는 가장 적합한 방법이기 때문이라 생각합니다. 이러한 주의집중을 통해 전통을 무너뜨릴 수도 있는 취약점에 대한 파악이 가능합니다. 기초과학의 근본적 진보와 관련된 문제들에 집중함으로써 종국에는 새로운 전통의 탄생을 야기하는 것입니다.
> 성숙한 과학에서 새로운 이론, 영역의 확장, 새로운 발견은 **새롭게**de novo 태어나지 않습니다. 면밀히 따지고 본다면 새로운 것이 아니라는 것입니다. 새로운 것은 오히려 현상에 대한 오래된 이론이나 신념을 모체로 발생합니다. 그 현상이 현실세계에서 실제로 일

어나는지 그렇지 않은지는 상관없습니다. 보통 전통을 뒤흔들 수 있는 새로운 것에 대한 인지는 무척 심오하고 난해한 작업이기 때문에 상당한 과학적 훈련이 필요합니다. 심지어 충분히 훈련받은 사람조차도, 기존의 자료와 이론으로 설명이 불가능한 영역에 도전하는 경우는 극히 드뭅니다. 성숙한 과학이라고 하더라도 탐구를 위한 기준과 도구가 거의 없는 영역, 즉 명백한 패러다임이 존재하지 않는 영역은 언제나 남아있기 마련입니다. 감수성과 사고의 유연성만으로는 미지의 영역에서 새로운 현상이나 새로운 구조를 파악할 수 없습니다. 만약 이런 무모한 도전을 하는 과학자가 있다면 그는 십중팔구 아무 것도 얻지 못할 것입니다. 아마도 그는 자신이 속한 분야를 합의 이전precensensus 단계나 아예 발생초기의 단계로 되돌리는 것이 더 나을 것입니다.

연구전통을 충실히 따르는 과학자들은, 연구인생을 그 출발점부터 자신이 받아온 교육과 자신의 최근 연구에 부합하는 영역의 연구들로 채워갑니다. 그들의 연구는 마치 이미 큰 윤곽이 그려져 있는 지도에 지형학적 세밀함을 더하는 것과 같습니다. 개중에는 자신이 몸담고 있는 학문의 본질을 깨달을 만큼 현명한 사람이 있을 것입니다. 그들은 언젠가 기존의 패러다임 하에서는 일어나지 않는다고 간주되는 문제나 패러다임의 근본적인 약점을 암시할 수 있는 문제들을 다루고자 할 것입니다. 성숙한 과학에서 수많은 발견과 모든 새로운 이론의 등장을 알리는 서곡序曲, preluded은 무지ignorance가 아니라 '기존의 지식과 믿음이 무언가 잘못되었다는 인식'입니다.

생산적 과학자들은 기존이론에 그렇게 큰 의미를 두지 않습니다. 그들에게 기존이론의 채택은 그저 잠정적 가설을 설정하는 것과 크게 다르지 않습니다. 기존이론은 일단 연구를 시작하기 위해 채택되지만, 이는 단지 **따로 더 좋은 것이 없어서** 적용하는 것일 뿐이며 무언가 잘못되었다는 것을 깨닫는 순간 그 즉시 폐기됩니다. 그러나 난관을 만났을 때 이를 인식할 수 있는 능력이 과학의 진보에 있어 필수조건이라 하더라도, 그 과정이 너무 쉽게 이루어져서는 안 됩니다. 과학자들은 전통에 대한 전적인 합의를 필요로 합니다. 비록 그들이 매우 성공적인 경력을 쌓게 되면 종국엔 그 합의를 스스로 무너뜨리겠지만 말입니다. 과학자들이 통상적으로 수행하는 연구문제들은 본질적으로 협약을 필요로 합니다. 이 연구문제들은 상당히 난해한 수수께끼와도 같습니다. 이 수수께끼의 주된 목적은 이미 주어진 해를 통해 새로운 정보를 찾아내는 것이 아닙니다. 아주 세세한 부분을 제외하고 대부분의 정보는 이미 알려져 있습니다. 중요한 것은 주어진 해의 방법론적 어려움difficulties of technique을 극복하는 것입니다. 새로운 창의적 방법을 통해 문제를 해결할 수 있다고 확신하는 사람만이 이 같은 유형의 문제를 다룹니다. 또한 현재 널리 통용되고 있는 이론을 통해서만 이러한 확신을 가질 수 있습니다. 이 이론들만이 유일하게 정상과학 연구의 문제들에 의미를 부여할 수 있습니다. 통용되고 있는 이론에 대한 의심은, 정상과학 연구의 방법론적 문제를 푸는 난해한 수수께끼에는 어떠한 해도 없다고 생각하는 것과 같습니다. 예를 들어, 만약 뉴턴 역학을 인정하지 않았다고 가정한다면 자연스럽게 다음과 같은 의문이 들 것입니다. 케플러 궤도를 따라 운동하는 행성 사이의 인력을 측정하는 정교한 수학식을 만들 수 있었을까? 누군가 이를 행성에 직접 적용해 알게 되었다고 해도 자신의 관측에 대해 세세한 부분까지 설명할 수 있을까? 뉴턴 역학에 대한 확신이 없었다면, 어떻게 해왕성을 발견하고 행성목록에 추가할 수 있었을까?…[ET, p.234-235.]

생산적인 과학자, 혹은 우수한 과학자는 자신이 속해 있는 지배적 패러다임과 연구전통이 지닌 문제를 발견할 수 있어야 한다. 뿐만 아니라 이를 대체할 만한 새로운 패러다임으로 과감히 자신의 입장을 바꿀 수 있어야만 한다. 패러다임과 패러다임, 패러다임과 변칙현상, 패러다임과 과학자 사이에서 발생하는 긴장상태에서 어떻게 균형을 유지할 것이며 원심적 사고와 구심적 사고의 조화를 어떻게 이룰 수 있을 것인가? 이 풀리지 않는 물음에 대한 답을 찾아 낼 수 있는 과학자는 어떤 사람일까? 쿤은 다음과 같이 말하고 있다.

…오직 현재의 연구전통에 확고한 뿌리를 둔 연구만이 그 연구전통을 붕괴시키고 새로운 전통을 제시할 수 있습니다. 이것이 내가 과학연구에 "필수적 긴장essntial tension"이 내재되어 있다고 이야기하는 이유입니다. 과학행위를 하기 위해선 복잡한 지적, 방법론적 협약을 따라야 합니다. 어떤 과학자가 자신의 이론으로 명성을 얻

고자 한다면, 그 성패는 결국 강고한 협약의 연결망을 벗어나 스스로 창안한 이론을 선택할 수 있는 능력에 달려 있습니다. 물론 그가 자신의 이론을 주창할 만큼 위대한 재능과 행운을 지녔다면 말입니다. 대부분의 경우 뛰어난 과학자들은 연구전통을 잘 지키고 따르는 전통주의자와 이를 깨부수려는 우상파괴자iconoclast[7])의 특성을 동시에 가지고 있습니다…[ET, p.227.]

---

7) [원문 주] 엄격히 말해서, 과학자 개인보다는 과학자 집단에게서 이 두 가지 특성이 모두 나타나야 한다. 이글의 전체내용에서 개인과 집단으로서의 특성을 구분하는 것은 필수적이다. 이러한 구분에 대한 인식이 위에서 말한 긴장이나 충돌의 개념을 약화시킨다. 그러나 그럼에도 불구하고 긴장이 완전히 사라지지 않는다는 것은 확실하다. 과학자 집단 내에서 누구는 더 전통주의적이고 다른 누구는 더 우상파괴적일 수 있다. 그리고 이러한 성향에 따라 과학자들이 과학발전에 기여하는 방식도 달라진다. 그러나 개인에 따라 정도의 차이는 있더라도, 과학의 교육, 제도적 규범, 그리고 직업적 특성은 과학자들이 반드시 두 가지 특성을 갖추기를 요구한다.

참고문헌

김웅진. 2009. 『과학패권과 과학 민주주의 - '열린 사회과학'의 모색』. 서울: 서강대학교출판부.

Kuhn, T. 1970. *The Structure of Scientific Revolutions.* Chicago and London: University of Chicago Press.

Preston. J. 2008. *Kuhn's "The structure of scientific revolutions": A Reader's Guide.* London: Continuum.

제3장 진리를 향한 여정:
포퍼의 "과학적 지식의 성장"[1]

이미나

과학적 지식은 어떻게 성장하는가? 성장의 동력은 무엇으로부터 나오는가? 경험적 관측결과의 단순한 축적을 성장으로 볼 수 있는가? 이러한 의문에 대한 답을 찾기 위해 칼 포퍼(Karl R. Popper)의 글 "과학적 지식의 성장"을 해체해 보기로 한다.

1. 객관적 진리

과학적 지식의 성장은 객관적 진리objective truth에 도달하는 과정을 통해 이루어진다. 여기에서 객관적 진리란 '참'에 근접한 것으로서, 고도의 설명력을 가진 진리, 논리적으로 개연성이 낮은 진리, 획득하기 어려운 진리이다. 객관적 진리에 도달하기까지 우리는 끊임없는 시행착오를 겪어야 한다. 즉, 냉혹한 비판의 대상이 될 수 있는 가설을 제

---

1) Popper, K. 1985. "The Growth of Scientific Knowledge" in David Miller, ed., *Popper Selections*. Princeton, N. J.: Princeton University Press, pp.171-180. 이하 GSK로 표기함.

시하고, 그 가설을 반증하는 과정을 통해 객관적 진리에 근접하게 된다. 요컨대 과학적 지식은 오류로부터 학습하고, 오류를 지속적으로 보정함으로써 성장한다.

···『과학적 지식의 성장』에서 과학의 진보scientific progress와 경쟁이론 사이를 구별하는 데 있어 그 관념과 연결되어 있는 새롭고도 오래된 몇 가지의 문제들을 해결하고자 한다. 내가 새롭게 다루려는 문제들은 주로 진리에 점점 가까이 간다는 관념 즉, 객관적 진리에 관한 것이다. 이 객관적 진리는 지식의 성장growth of knowledge을 분석하는데 큰 도움이 될 것이라고 생각한다.

비록 여기에서는 과학 영역에 있어 지식의 성장에 대해 한정지어 논의하겠지만, 이러한 논의는 인간이나 심지어 동물들의 세계에 관해서 체득하는 과학이전pre-scientific의 지식의 성장에도 적용할 수 있다. 하등동물, 고등동물, 침팬지, 과학자 모두 동일하게 시행착오trial and error로부터 즉, 실수로부터 배운다. 나의 관심사는 과학적 지식의 이론뿐만 아니라 오히려 일반적인 지식에 관한 논의에 있다. 그러나 과학적 지식의 성장에 대한 연구는 일반적인 지식의 성장을 연구하는 데 있어 가장 유익한 길이라고 생각된다. 왜냐하면 과학적 지식의 성장은 엄연히 일상적인 인간 지식의 성장이기 때문이다. 우리는 진보하고자 하는 욕구를 가지고 있고 그 욕구가 충족되어야만 지식이 성장하게 된다.

그러나 만약 지식의 성장이 이끄는 소기의 결과를 얻지 못하게 된다면 지식의 성장은 끝나게 되는 것일까? 특히 과학의 연구가 무궁무진한데도 불구하고 과학의 진전이 막을 내릴 위험이 있는가? 우리의 무지는 한도 끝도 없기 때문에 그렇게까지 될 것이라고 생각하지 않는다.

과학적 진보를 가로막는 여러 가지 장애물 중 정말로 위험한 장애물은 과학의 목표가 결국 달성될 수 없다는 것이 아니라 창의력imagination의 부족, 과학적 규준formalization의 정확성 및 절차적 정확성을 통해 반드시 지식이 생산된다는 잘못된 믿음과 교조주의이다.

앞에서 '진보progress'라는 단어를 여러 번 언급했기 때문에 오해할까봐 미리 말해두지만, 역사적 진보의 법칙 따위를 나는 믿지 않는다. 지금까지 여러 기회를 통해서 진보의 법칙에 대한 신념을 공격했고, 기실 과학조차도 그 따위 법칙과 아무 상관없다고 본다. 모든 인간의 사상idea이 그렇게 출현했던 것처럼 과학의 역사도 허황된 꿈과 자기 확신에 갇혀 있는 오류의 역사이기 때문이다. 그러나 과학은 오류를 체계적으로 비판하고 적절히 수정하는 아주 드문 인간 활동이다. 이러한 이유 때문에 우리는 과학연구를 진행하면서 종종 실수로부터 배운다고 이야기할 수 있으며, 그렇기 때문에 과학적 진보에 대해서도 명백하고 분별 있게 이야기할 수 있다…
[GSK, pp.171-172.]

2. 엄격한 검증, 반박과 '좋은 이론'

모든 과학체계는 이론이 어떻게 변화하고 진보하는가를 평가하는 기준을 갖고 있다. 이론의 구축은 풀리지 않고 있는 문제들을 풀기 위해 가설을 세우는 것부터 시작한다. 가설이 경험적 관측을 통해 반증된다면 즉시 폐기되나, 반증을 견뎌낸 가설은 '좋은 이론'으로 거듭나게 된다. 물론 이론의 참됨은 어디까지나 잠정적 성격일 뿐이다. 즉, 검증과정에서 엄정한 반박을 견뎌낸 이론은 그렇지 못한 이론보다 더욱 견고한 이론이라고 볼 수 있지만, 과연 목적지, 곧 객관적 진리에 도달했다고 단언할 수는 없다. 그럼에도 불구하고 이러한 이론이 폐기된 이론(가설)보다 더 진리에 근접했다는 것은 분명하다. 결국 경험적 관측을 통해 반증될 수 있는 이론, 보다 풍부한 경험적 정보를 포함한 이론, 반박의 과정을 굳건히 견뎌내는 이론이 좋은 이론이라고 할 수 있다.

…과학연구에는 진보의 여부를 판단할 수 있는 진보의 기준criterion of progress이 있다. 우리는 어떤 이론을 경험적으로 검증하여 판단한다. 그러나 그렇게 하기 전에도 그 이론이 어떤 특정한 검증과정을

통과하면 우리는 그 이론이 이미 알고 있는 다른 이론을 개선한 것인지 아닌지 알게 된다.

바꾸어 말하자면, 결정적인 시험을 통과하게 되면 좋은 과학적 이론이란 도대체 어떤 이론인가를 알게 되고, 오류의 여부를 검증하기 이전에 이미 어떤 종류의 이론이 보다 좋은 이론이 될지도 알게 한다. 그리고 메타과학적$_{metascientific}$[2] 지식을 통해 진보의 여부를 진단할 수 있을 뿐만 아니라 여러 이론들 사이의 합리적 선택에 관해 이야기하는 것을 가능하게 한다. 따라서 한 이론에 대한 시험이 완료되기 전일지라도 만약 그 이론이 어떤 시험을 통과한다면, 그 이론은 다른 이론보다 더 좋은 이론인 것임을 알 수 있다는 것이 나의 첫 번째 논지이다.

나의 첫 번째 논지는, 우리는 상대적인 잠정적 만족의 기준 또는 잠정적 진보의 기준을 가지고 있다는 것이다. 사실, 어떤 이론이 결정적 시험을 통과하기 이전에 어렴풋이 판단할 수 있는 기준을 잠재적으로 가지고 있다. 이 잠정적 진보의 기준은 극히 단순하고 직관적이다. 나는 몇 년 전에 이 기준을 정식화했다. 이 기준은 잠정적 만족의 정도에 따라 이론들의 등급을 매길 수 있게 한다.

좋은 이론이란 보다 많은 경험적 정보를 포함하고 논리적으로 견고한 이론이며, 더 강한 설명력과 예측력을 갖고 있는 이론이다. 따라서 예측된 사실들을 관찰들과 비교함으로써 더 엄격하게 검증될 수 있는 이론을 더 좋은 이론으로 규정한다. 간단히 말해서, 우리는 평범한 이론보다 흥미롭고, 과감하고, 내용이 풍부한 이론을 더 선호한다. 우리가 이론에게 바라는 이 모든 속성들은 높은 수준의 경험적 정보를 많이 담고 있고 검증가능성$_{testability}$을 내재하고 있는 이론이다…[GSK, pp.172-173.]

3. '좋은 이론'의 요건

좋은 이론이 갖추어야 할 조건은 이론이 내포하고 있는 내용이 증가하면 개연성이 감소하고, 반대로 개연성이 증가하면 내용은 감소하

---

2) [역주] 과학적 지식과 과학행위를 평가하는 논리적 협약과 규준들.

는 이론이다. 즉, 좋은 이론의 내용과 개연성은 상호반비례 관계에 있다. 따라서 과학적 지식이 성장하기 위해서는 이론의 적중확률이 낮아야 한다는 당연한 귀결에 도달하게 된다.

···이론이 지녀야 할 내용에 대한 내 생각은 아주 간단명료하다. 즉 이론은 어떤 두 진술 a와 b의 결합인 ab의 정보내용이 그 구성 요소의 어느 하나의 내용보다 많거나 적다.

- 진술 a : '금요일에 비가 올 것이다'
- 진술 b : '토요일 날씨는 화창할 것이다'
- 진술 ab : '금요일에는 비가 올 것이고 토요일에는 날씨가 화창할 것이다'

라고 하자. 여기서 ab의 정보 내용은, 각각 a와 b가 담고 있는 정보 내용보다 더 많은 내용을 담고 있다는 것은 분명하다. 그리고 ab의 개연성(또는 ab가 참이 될 확률)은 각각 a와 b의 정보 내용이 참이 될 확률보다 적다는 것 또한 분명하다.

Ct(a)를 '진술 a의 내용'으로, 그리고 Ct(ab)는 'a와 b의 결합의 내용'으로 명시하면 우리는

(1) $Ct(a) \leqq Ct(ab) \geqq Ct(b)$

를 얻는다. 이것은 (1)의 부등호가 도치되는

(2) $p(a) \geqq p(ab) \leqq p(b)$

로, 대응하는 확률 계산의 법칙과 치환된다.

이러한 (1)과 (2)의 두 개의 법칙은, 내용이 증가하면 개연성은 감소되고 역으로도 똑같이 성립된다. 즉 어떤 진술이 내용이 증가할수록 참일 수 있는 확률은 낮아진다(이 분석은 진술의 논리적 내용을 그 진술에서 논리적으로 수반되는 모든 진술들의 집합으로 보는 일반적인 생각과 완전히 일치한다. 우리는 또한 진술 a의 내용이 b보다 더 많다면, 즉 b가 더 많은 내용을 담고 있다면, 진술 b

보다 진술 a는 강한 논리성을 가지고 있다고 할 수도 있다).

이러한 당연한 사실은 피할 수 없는 결과를 도출한다. 만약 지식의 성장이 보다 많은 내용을 담고 있는 이론을 선택한다면, 그것은 또한 개연성이 감소하는 이론(확률 계산의 의미에서)을 선택한다는 것을 의미할 것이다. 그러므로 우리가 지식의 성장을 달성하기를 원한다면 이론의 높은 적중확률은 목표가 될 수 없다. 즉, 이 두 목표는 양립불가능하다…[GSK, pp.173-174.]

4. 귀납적 추론의 한계

그러나 대부분의 과학자들은 이론의 내용이 증가하면 그에 따라 개연성도 증가한다는 확률적 계산이 타당하다고 믿는다. 즉, 이론을 뒷받침하는 경험적 근거가 늘어날수록 진리성이 커진다는 귀납적 추론을 받아들이고 있다. 그러나 귀납을 통해서는 결코 이론의 진리성을 합리적으로 설명할 수 없다. 어떤 이론을 뒷받침하는 수많은 경험적 근거를 발견한다 하더라도 단 하나의 반박사례가 관측된다면 그이론은 거짓이 되기 때문이다. 따라서 우리는 귀납주의가 당연시하는 확률계산을 피하고, 연역적 방법을 통해 이론의 '진리인 듯함truthlikeness'이나 '그럴듯함verisimilitude'을 추구해야 한다. 그렇게 하기 위해서는 무엇보다도 먼저 견고한 이론, 즉 경험적 관측결과에 의해 반증 혹은 반박될 수 있는 이론을 도출해야 한다.

…근본적이긴 하지만 더 많은 내용을 담고 있고 개연성이 낮은 이론이 지식의 성장을 이끈다는 결론을 나는 30년 전에 이미 발견했고 그 후로 줄곧 주장해 왔다. 그러나 높은 개연성이 매우 바람직한 것임에 틀림없다는 편견은 너무나 깊게 배어 있어서, 이 단순한 결과는 여전히 많은 사람들에게 '역설적인'것으로 여겨지고 있

다. 단순한 결과에도 불구하고, 높은 개연성은 매우 바람직하다는 생각이 대부분의 사람들에게는 명백한 것이어서 그들은 결과를 비판적으로 고찰하려고도 하지 않는다. 그러므로 브루스 브룩웨이블 (Bruce Brook-Wavell) 박사는 '개연성'에 대해 말하는 것은 그만두고 '내용의 계산'이나 '내용의 상대적 계산'에 기반을 두어야 한다고 나에게 충고했다. 다시 말해서, 과학의 목표가 비개연성을 지향하고 있다고 말하는 것이 아니라 최고의 내용을 목표로 하고 있다고 말하라고 충고했다. 나는 깊이 생각해보았지만 그것이 도움이 될 것이라고 생각하지는 않는다. 그 대신 광범위하게 지지를 얻고 있는 확률론적인 편견과의 정면대면은 불가피한 것으로 보인다. 비록 나의 이론이 내용의 계산이나 논리적 강도의 계산에 기반을 두는 것이 쉬울지라도, 명제propositions나 진술statements에 ('논리적으로')적용한 확률 계산이 논리적 취약성에 대한 계산이나 진술하는 내용의 결핍(절대적인 논리적 취약성 혹은 상대적인 논리적 취약성)에 불과하다고 설명하는 것은 여전히 필요하다. 높은 개연성이 과학의 목표이어야만 하기에, 귀납적 논증으로 어떻게 높은 개연성에 도달할 수 있는지 설명해야만 한다고 사람들이 무비판적으로 가정하여 생각하지 않는다면 아마도 정면충돌은 피할 수 있을 것이다. 이쯤해서 골치 아프게 만드는 확률 계산과는 다른 사고 방법인 '진리인 듯함truthlikeness', 이나 '그럴듯함verisimilitude'이 있다는 것을 지적해둘 필요가 있다.

이 단순한 상황을 피하기 위해서 대략 정교화된 모든 종류의 수많은 이론이 제시되었다. 나는 그것들 중 괜찮은 것이 아무것도 없다는 것을 보여주었다. 솔직히 말하자면 그러한 이론들은 모두 다 쓸데없는 것들이다. 정말 이론이 가져야 한다고 생각하는 소중한 속성, 아마도 '진리인 듯함'이나 '그럴듯함'으로 불리는 속성은 (2)에서 나온 것처럼 수리적 확률 계산에 따른 의미의 개연성은 아니다.

정작 문제가 되는 것은 용어의 의미가 아니다. '개연성'이라고 부르는 것이 무엇이든지 상관없고, 소위 '확률계산'이 적용되는 그러한 정도를 무엇이라 부르든 상관없다. 내 생각에는 라플라스 (Pierre Laplace, 1749-1827), 케인스(John Maynard Keynes, 1883-1946), 제프리즈(Henry Gwyn Jeffreys Moseley, 1887-1915) 그리고 그 밖의 많은 사람들이 만들어냈고, 나도 다양한 형식의 자명한 진리를 부여하는데 한몫했던 이 유명한 공식을 만족시킬 수 있는 것들이라면 무엇이든지간에, 수리적 의미의 '확률'이란 용어를 사용하는 것이 가장 편리하다고 생각한다. 그러나 내 확률은 다르다. 우리가 이 용어를 받아들인다면(그리고 그때에만) 진술 a의 절대적인 확률이 가지는 실질적 의미는 논리적 취약성의 정도나 정보 내용의 부족의 정도에 불과하다. 그리고 진술 b가 주어졌을 때 진술 a의 상대적 확률은, 우리가 이미 정보 b를 소유하고 있다고 가정할 경우 단지 진술 a의 새로운 정보 내용의 상대적 결핍이나 상대적 취약성의 정도일 뿐이다.

그러므로 과학의 목표를 보다 더 풍부한 내용에 둔다면 즉 지식의 성장이 우리가 더 많이 아는 것, a만 아는 것보다 a와 b에 대해 아는 것, 결국 이론의 내용이 증가한다는 것을 의미한다면 우리는 확률 계산의 의미에서 낮은 개연성을 목표로 하고 있다는 것을 인정해야 한다.

낮은 개연성이란 이론이 틀릴 가능성을 증가시키는 것을 의미하므로, 높은 정도의 반증가능성falsifiability이나 반박가능성refutability 또는 검증 가능성이 과학의 목표들 중의 하나이다. 실제로 보다 더 풍부한 내용에 목표를 두고 있는 과학의 목표와 동일하다는 결론이 나온다.

그러므로 잠정적 진보의 기준은 검증가능성과 비개연성에 있다. 실험가능성이 높고, 비개연적인 이론만이 가치 있고, 특히 그 시험이 완료되기 전이라도 그 이론이 결정적인 것으로 간주되는 엄격한 시험을 통과한다면, 그 이론은 단순히 잠재적인 것이 아닌 실제로 만족스러운 이론이 된다.

대부분 객관적으로 실험의 엄격성을 비교하는 것이 가능하다. 그것이 가치가 있다고 생각되면 실험의 엄격성의 정도를 분명히 측정하는 것도 가능하다. 같은 방법으로 우리는 이론의 설명력과 이론의 확증성을 정의할 수 있다…[GSK, pp.174-176.]

5. '우연한 발견'과 반증

앞에서도 언급했듯이 좋은 이론이란 검증과정에서 냉혹한 비판을 견뎌낸 이론, 성공적으로 반증을 거친 이론, 풍부한 경험적 정보를 포함하되 개연성이 낮은 이론이다. 다시 말해서 끊임없는 비판과 반증을 거쳐 마지막까지 살아남은 가설이 좋은 이론으로 간주된다. 따라서 좋은 이론은 그 이론을 더 이상 반증할 수 없을 때 확증된다. 이러한 맥락에서 볼 때, 반증사례를 발견하지 못한다면 좋은 이론을 창출해 낼 수 있는 기회를 잃어버리는 셈이라고 말할 수 있다. 실제로 우리가 알고 있는 유명한 이론의 상당수는 우연한 발견의 소산이다.

  …여기에 제시된 기준이 실제로 과학의 진보를 좌우한다는 논지는 역사적 예시들을 통해 쉽게 설명할 수 있다. 케플러(Johannes Kepler, 1571-1630)와 갈릴레오(Galileo Galilei, 1564-1642)의 이론들은 보다 논리적이고 보다 큰 실험 가능성을 가진 뉴턴(Isaac Newton, 1642-1727)의 이론으로, 프레넬(Augustin jean Fresnel, 1788-1827)과 패러데이(Michael Faraday, 1791-1867)의 이론도 맥스웰(James Clerk Maxwell, 1831-1879)의 이론으로 통합되고 대체되었다. 그리고 뉴턴의 이론과 맥스웰의 이론은 아인슈타인(Albert Einstein, 1879-1955)의 이론으로 통합되고 대체되었다. 이러한 사례를 통해 볼 수 있듯이 더 정보가 많은 이론으로, 따라서 논리적으로 개연성이 더 적은 이론으로 진보가 이루어졌다. 즉, 더욱더 엄격하게 시험될 수 있는 이론으로 진보하는데 왜냐하면 이론의 논리적 측면에서 더 쉽게 반박될 수 있는 예측을 하기 때문이다.
  이론이 제시하는 새롭고, 과감하고, 확률이 낮은 예측을 시험해도 논박되지 않는다면, 확증되었다고 말할 수 있다. 이와 관련해서 갈레(Johann Gottfried Galle, 1812-1910)의 해왕성$_{Neptune}$ 발견, 헤르츠(Heinrich Rudolf Hertz, 1857-1894)의 전자기파 발견$_{electromagnetic\ waves}$, 에딩턴(Arthur Stanley Eddington, 1882-1944)의 일식 관측, 데이비슨(Clinton Joseph Davisson, 1881-1958)의 드브로이(Louis de Broglie, 1892-1960)파의 간섭주름으로 본 엘자서(Walter Maurice Elsasser, 1904-1991)의 해석, 그리고 파웰(Cecil Frank Powell, 1903-1969)의 최초 유카와$_{Yukawa}$ 중간자를 관찰 한 사례 등을 상기시킬 수 있다.
  이 모든 발견들은 이전 지식에 비추어 보았을 때, 전에는 생각하지 못했던 것에 대한 예측의 확증을 대표하는 사례들이다. 어떤 이론이 논박되는 과정에서도 그 외에 중요한 발견이 있을 수 있다. 최근 중요한 사례는 반전성$_{parity}$에 대한 반박이다. 그러나 라부아지에(Antoine Laurent Lavoisier, 1743-1794)의 밀폐된 공간에서 초가

타는 동안 공기의 부피가 감소하거나 타는 쇠 가루의 무게가 증가하는 것을 보여준 고전적인 실험은 연소에 관한 산소이론을 뒷받침하지 않았지만 플로지스톤 이론Phlogiston theory을 반박한다.

라부아지에의 실험은 신중하게 계획되었다. 그러나 대부분의 '우연한 발견'도 근본적으로 이와 동일한 논리적 구조를 가지고 있다. 엄격하게 따지고 보면 '우연한 발견'들은 의식적이거나 무의식적으로 이론에 가해진 반박의 결과로 나타난 것이다. 이론에 기초한 이러한 발견들은 예측이 예기치 못하게 빗나갔을 경우에 이루어진다. 수은의 촉매 작용 속성은 수은의 영향에 대해 기대하지 않았던 화학적 반응이 수은에 의해 촉진된다는 것을 우연히 알게 되었을 때 발견되었다. 그러나 외르스테드(Hans Christian Oersted, 1777-1851), 뢴트겐(Wilhelm Konrad Röntgen, 1845-1923), 베크렐(Anthoine Henri Becquerel, 1852-1908), 플레밍(Alexander Fleming, 1881-1955)의 발견들이 비록 우연한 요소들을 포함하더라도 진정한 우연은 아니다. 이들은 모두 자신이 발견하게 된 종류의 결과를 기대하고 있었다.

콜럼버스(Christopher Columbus, 1451-1506)의 아메리카 대륙 발견과 같은 어떠한 발견들은(지구는 둥글다) 한 이론을 확인하고 동시에 다른 이론(지구의 크기 이론 및 인도에 이르는 가장 가까운 길에 대한 이론)을 반박한다. 그리고 그 이론들은 기대했던 바와 전혀 다른 결과를 초래했고 의도하지 않은 논박의 소산이었던 만큼 우연한 발견이었다…[GSK, pp.176-177.]

6. 연역적 논증과 비판적 합리주의

결국 과학적 지식의 성장 또는 진보는 연역적 논증의 소산이다. 즉, 과학적 지식의 성장은 기존 이론의 정당성을 무너뜨리는 반증사례를 통해 추동된다. 연역적 추론을 통해 이론을 검증할 때 반증사례가 존재하지 않는다면 그 이론은 타당한 이론으로 확정된다. 따라서 과학 연구의 출발점은 '문제'라고 말할 수 있다. 기존 이론이 당면한 문제를 해결하기 위해 새로운 가설을 합리적으로 설정하고, 설정된 가설을 지속적으로 반증하는 가운데 점차 진리에 근접하게 된다. 이러한 반증의 논리야말로 포퍼가 옹호하는 '비판적 합리주의Critical Rationalism' 의 핵심이다.

…과학 지식의 변화, 성장 또는 진보를 강조하는 것은 공리화된 연역체계인 현대 과학의 관념과 완전히 일치되는 것은 아니다. 이 괴힉직 관념은 유클리드(Euclid, BC 330 - BC 275)의 플라톤적 Platonizing 우주론에서부터(이것이 유클리드의 *Elements*가 실제로 의도했던 것이라고 믿는다) 뉴턴의 우주론에 이르기까지, 더 나아가 보스코비치(Rudjer J. Boscovič, 1711-1787), 맥스웰, 아인슈타인, 보어(Niels Henrik Bohr, 1885-1962), 슈뢰딩거(Erwin Schrödinger, 1887-1961), 디랙(Paul Adren Maurice Dirac, 1902-1984)의 체계에 이르기까지 유럽적 인식론 속에서 특히 잘 드러나는 특징이다. 위의 예시에서 볼 수 있듯이 이러한 인식론은 과학행위의 최종 목표를 공리화된 연역체계의 구성에 두고 있다.

내 생각에 이 멋진 연역체계는 그 자체가 목적이 아니라 디딤돌이다. 보다 풍요롭고 검증 가능한 과학적 지식에 이르는 과정의 디딤돌이라 생각한다. 만약 이러한 연역체계를 수단과 디딤돌로 간주한다면 연역체계들은 없어서는 안되는 것이다. 왜냐하면 우리는 이론들을 반드시 연역적 논증의 형식으로 발전시키지 않을 수 없기 때문이다. 더 나은 이론과 높은 검증 가능성은 연역적 논증의 전제 조건이다. 이론의 풍부한 결과들은 연역적으로 밝혀져야 한다. 왜냐하면 이론은 전혀 일어날 것 같지 않은 사례를 찾지 않고서는 검증이 불가능하기 때문이다.

그러나 어떤 이론을 합리적이고 경험적인 이론으로 풍부하도록 만드는 것은 연역적 사례들을 늘어놓는 것이 아니라 우리가 그 이론을 비판적으로 검토할 수 있다는 사실이다. 즉, 실측적인 시험이 포함된 반박을 시도함으로써 어떤 이론을 평가할 수 있다는 사실 때문이다. 그리고 어떤 경우에는, 어떤 이론이 이런 비판과 시험을 견뎌낼 수 있다는 것 때문이다. 이러한 시험들 중에는 이전의 시험들을 실패시켰던 시험들, 심지어 더 엄격한 시험들도 있다. 그것은 이론을 연역적으로 발전시킨다는 것보다 새로운 이론을 합리적으로 선택한다는 것에 있다.

결국 이론을 비판하고 시험하며 경쟁 이론과 함께 비교하는 작업 없이 비규약적인 연역체계를 형식화하고 정교화하는 데에만 집중한다면 아무런 소득이 없다. 이러한 비판적 비교에는 통상적이고 자의적인 측면이 있기도 하지만 진보의 기준 덕분에 주로 비규약적이다.

　과학이 합리적이고 경험적인 요소를 둘 다 포함하고 있는 이유는 이 비판적인 절차 때문이다. 이와 같은 비판적 검증은 우리가 실수로부터 배우고 그렇게 함으로써 우리의 지식을 확장했다는 것을 보여주는, 통상적인 기준에 대한 거부와 어떤 논증 절차를 선택할 것인가에 대한 선택의 문제와 절차들의 결정을 포함한다…
[GSK, pp.177-179.]

7. 연구문제와 과학적 지식의 성장

　요컨대 과학적 지식의 성장은 새로운 연구문제를 지속적으로 제시하고 그 해답을 찾는 과정이라고 말할 수 있다. 이러한 문제들은 기존 이론이나 연구대상에 대한 오해나 회의, 혹은 우연히 스쳐가는 영감으로부터 제기된다. 또한 이론과 경험적 관측의 괴리, 예기치 못한 상황과의 조우가 새로운 문제를 낳기도 한다. 따라서 과학연구는 어디까지나 관측이 아닌 문제(문제의식)에서 출발한다고 볼 수 있다. 왜냐하면 관측은 이론을 전제로 하는 행위이기 때문이다. 이처럼 과학적 지식의 성장은 바로 '무엇인가 잘못되었다'라는 의식으로부터 추동된다.

　…그러나 아마도 과학의 합리성이 우리가 실수로부터 배우는데서 출발한다는 사실은 결코 만족스러운 과학상은 아니다. 과학은 이론에서 이론으로 진보하고 보다 나은 연역체계를 지향하고 발전한다. 이것이 과학의 진보이다. 더 나아가 과학은 옛 문제에서부터

보다 심층적인 문제로서의 전의를 통해 점점 진보한다고 말하고 싶다. 왜냐하면 과학적 이론이란 과학적 문제를 해결하는 도구이기 때문이다. 즉, 보다 강한 설명 도구를 도출하고 설명체계를 찾으려는 시도에 있어서 중요한 도구인 것이다.

물론 우리의 기대와 이론들은 역사적으로 볼 때 문제들보다 먼저 생겨났을지도 모른다. 그러나 과학은 오직 문제와 함께 시작된다. 문제는 불쑥 나타나는데, 특히 우리의 예측이 실패하거나 이론이 어려움에 봉착했을 때 나타난다. 이러한 문제들은 하나의 이론 속에서 나타나거나 두 개의 이론 속에서도 나타나고 이론과 경험적 관측의 충동에 의해 나타날 수도 있다. 게다가 문제를 통해서 우리는 이론을 가지고 있다는 사실에 대해 의식하게 된다. 우리로 하여금 배우고, 지식을 확장시키고, 실험하고, 관찰하도록 추동하는 것이 바로 문제이다.

비록 관측을 통해서 문제를 얻거나 관측 결과가 우리의 기대와 이론과 모순될 때에도 문제가 발생하지만 결국 과학행위는 연구문제로부터 시작된다. 과학자가 당면한 가장 큰 임무는 문제해결 도구인 이론의 구성을 통해서 문제를 푸는 것이다. 바꿔 말하자면 기대하지 않았던 것이나 설명되지 않았던 관측결과를 설명함으로써 문제를 해결하는 것이다.

그러나 모든 가치 있는 새로운 이론은 새로운 문제를 일으킨다. 즉, 조화의 문제나 이전에는 생각해 본 적 없는 새로운 관찰 실험을 처리하는 방법의 문제들을 야기한다. 그리고 이론이 많은 결실을 맺게 되는 것은 주로 그 이론이 야기하는 새로운 문제를 통해서이다.

따라서 한 이론이 과학 지식의 성장에 가장 지속적으로 공헌하는 것은, 그 이론이 불러일으키는 새로운 문제이다. 결국 과학의 지식과 성장은 항상 문제로부터 시작해서 지식으로부터 얻을 수 있고, 보다 더 깊이 있는 새로운 문제를 야기하는 것을 통해서 이뤄진다…[GSK, pp.179-180.]

인간은 본능적으로 지식을 확장하려는 욕구, 진리에 근접하려는 욕구를 가지고 있다. 비록 확정적 진리의 정체를 알 수 없고, 또 거기에 도달했다고 확신할 수도 없지만 과학적 연구는 이러한 욕구에 상응하여 진행된다. 즉, 기존 지식의 타당성에 대한 회의는 새로운 연구

문제를 낳고, 그러한 문제를 합리적, 논리적으로 해결하려는 시도가 끊임없이 반복되면서 과학과 과학적 지식의 성장이 이루어진다. 지금 이 순간에도 과학자들은 기존 지식의 오류로부터 파생된 새로운 문제와 마주하고 있으며, 그러한 문제를 풀기 위한 과학적 여정에 기꺼이 동참하고 있다.

참고문헌

길 포퍼. 문학과 사회언구소 역. 1989. 『역사주의의 빈곤』. 서울: 정하.
칼 포퍼. 이한구 역. 1997. 『열린사회와 그 적들』. 서울: 민음사.
_____. 2001. 『추측과 논박 1』. 서울: 민음사.
Popper, K. 1972. *Objective Knowledge: An Evolutionary Approach.* New York: Oxford University Press.

제4장 호모사피엔스들이 세상을 만들어가는 법1)

박신영

　지구상에 존재하는 수많은 생명체 중에서 오직 인간만이 고도의 문명을 이루고 살아가고 있다. 과거에는 상상속에서만 존재했던 기술과 장비들이 속속 등장하고 있고, 이 순간에도 지식의 기록물이 쏟아져 나오고 있다. 이처럼 인간은 끈임없이 더 나은 세상을 추구해 왔는데 이 모든 성과는 바로 호모사피엔스, 즉 '생각하는 인간들'이 만들어낸 실재Reality에 기인한다. 하지만 과연 어떠한 방법으로 인간의 생각이 실재를 형성하게 되는 것일까?

　이 글에서 소개할 칼 포퍼(Karl R. Popper, 1902-1994)의 강연문은 이러한 질문에 대한 답을 제시하고 있다. 그는 강연을 통해 실재를 구성하고 있는 세계, 다시말해 이 글에서는 인간의 생각이 만들어낸 서로 다른 층위의 세계를 통해 실재가 만들어지는 과정을 설명한다. 실존세계는 물리적 사물로 구성된 제1세계, 인간의 의식적·무의식적 관측과 인지의 소산인 제2세계, 그리고 제1세계와 제2세계의 교호

---

1) Popper, K. 1994. "Knowledge and the Shaping of Reality The Search for A Better World," in K. Popper, *In Search Of Better World*, London and New York: Routledge, pp.3-29. 이하 KSR로 표기함.

작용으로 구축된 제3세계로 구분되며 우리가 경험하게 되는 실재는 1, 2, 3세계 사이의 상호작용에 따라 만들어진다. 이것이 이 장에서 말하고자 하는 '생각하는 인간들이 세상을 만들어가는 방법'이다. 아울러 포퍼는 과학연구에 있어 의식적 비판을 가능하게 하는 제3세계가 가장 중요하며, 오로지 인간만이 의식적·합리적인 비판을 통해 비폭력적인 과학사회, 즉 '더 나은 세상'으로 나아갈 수 있다는 유토피아적 지식세계에 대한 바람을 끝으로 강의를 마치고 있다.

1. 지식

1982년, 저명한 과학철학자인 포퍼는 알프바흐 포럼Alpbach Forum에서 '지식과 실재의 형성: 보다 나은 세상의 추구2)'라는 주제로 강의하였다. 강의는 크게 지식knowledge, 실재reality, 지식을 통한 실재의 형성이라는 세 부분으로 나누어져 있다. 먼저 '지식', 특히 과학적 지식에 대한 포퍼의 견해를 살펴보자.

> …먼저 지식에 관한 강의부터 시작해봅시다. 지금 우리는 비이성주의가 또다시 활개를 치고 있는 시대에 살고 있습니다. 때문에 먼저, 나는 과학적 지식scientific knowledge이야말로 인류가 지닌 최상의 지식이며, 가장 중요한 지식이라고 여기고 있음을 밝히며 이 강의를 시작하고자 합니다. 물론 과학적 지식만이 유일한 지식이라고 생각하지는 않습니다. 과학적 지식은 다음과 같은 핵심적인 특징을 지니고 있습니다.
> 첫째, 과학적 지식은 실제적이거나 이론적인 문제로부터 태동합

---

2) 이 제목은 알프바흐 포럼측에서 정해준 것이며 부제인 '보다 나은 세상의 추구'는 저자인 포퍼가 덧붙인 것임.

니다. 실제적 문제의 일례로 질병의 고통으로부터 벗어나기 위한 의학계의 노력을 들 수 있습니다. 그간 이러한 노력은 많은 결실을 맺어왔지만, 인구폭증과 같은 의도하지 않은 심각한 결과를 낳기도 했지요. 산아제한과 같은 옛 문제가 오늘날 다시 시의時宜에 맞게 된 것입니다. 요컨대, 의학의 가장 중요한 책무 중 하나는 이러한 문제에 대해 만족할만한 답을 찾아내는 것이라 할 수 있습니다. 이처럼 우리가 이뤄낸 위대한 과학적 성공은 새로운 문제로 이어지게 됩니다.

둘째, 지식 행위는 '신리truth'의 추구, 즉 객관적 진리와 이를 설명하는 이론을 찾는 것입니다.

셋째, 지식 행위는 '확실성certainty'을 추구하는 것이 아닙니다. 실수는 인지상사人之常事입니다. 따라서 인간이 만든 모든 지식에는 오류가 있을 수 있으며, 그 만큼 불확실한 것입니다. 여기서 우리는 '진리'와 '확실성'을 분명하게 구별해야 합니다. 실수가 인지상사라는 말은 언제나 실수하지 않도록 조심해야 한다는 것을 의미하기도 하지만, 그보다는 우리가 아무리 세심한 주의를 기울일지라도 실수하지 않는다는 보장은 할 수 없다는 것을 뜻합니다…[KSR, pp.3-4.]

포퍼는 과학적 지식에 있어서 '진리'와 '확실성'을 구분해야 할 것을 강조하고 있다. 인간이 하는 일은 필연적으로 오류의 가능성을 포함하고 있기 때문에 이 같은 한계를 인식하고 지식을 탐구해야 한다는 것이다. 따라서 과학적 지식은 언제나 가설의 형태에 머무를 수밖에 없으며, 반복적인 시행착오를 통해 오류를 수정하는 비판적인 방법이 곧 과학행위라고 주장한다.

…과학의 영역에서 우리가 범하는 실수, 즉 오류는 진리가 아닌 이론을 진리로 간주하고 있다는 점입니다. 가끔은 진리인 이론을 거짓이라고 간주하기도 하지요. 실수·오류와 씨름한다는 것은 결국 객관적 진리를 추구하는 것이며, 가능한 모든 거짓들을 발견하고 제거하는 것입니다. 이것이 바로 과학 활동에 지워진 책무입니다. 이런 이유로 과학자로서 우리의 목표는 객관적 진리의 추구라 할 수 있습니다. 보다 진실에 가깝고, 더 구미가 당기며, 좀 더 확

실한 설명력을 지닌 진리의 추구 말입니다. 이성적으로 생각한다면 우리는 확실성을 추구할 수는 없습니다. 인간의 지식에 오류가 존재할 수 있다는 것을 깨닫는다면, 우리가 실수를 범하지 않았다고 결코 확신할 수 없게 되니까요. 이 점에 대해서는 이렇게 첨언할 수 있겠군요.

우리가 거짓이라고 여기는 참된 진술들까지 포함해서, 불확실한 진리는 존재하지만 불확실한 확실성이란 존재하지 않는 법입니다.

우리는 아무것도 확신할 수 없으므로, 단순히 확실성을 추구하는 것은 무의미합니다. 그러나 진리를 추구하는 것은 대단히 의미 있는 행위인데, 이는 주로 오류를 찾아내는 작업을 통해 이루어지기 때문에 오류를 수정할 수 있게 되는 것입니다.

결국, 과학, 과학적 지식이란 언제나 가설적일 수밖에 없습니다. 추정적인 지식conjectural knowledge이라 할 수 있지요. 또한 과학행위는 비판적 방법critical method으로 행해집니다. 여기서 비판적 방법이란 진리를 추구하며 그 과정에서 오류를 제거하는 방법을 말합니다…[KSR, p.4.]

그러나 진리에 대한 그의 접근은 과연 진리라는 것이 진실과 얼마나 부합하는가, 즉 과학행위의 결과로 나온 명제가 실재에 얼마나 부합하는가 하는 의문을 불러일으킬 수 있다. 이에 대해 포퍼는 진리에 관한 칸트의 정의를 받아들여 "어떤 이론이나 진술은 그것이 설명하고 있는 사실이 실재에 부합하는 경우에 참이 된다"라고 진리를 정의하며 다음의 세 가지 명제를 덧붙였다.

1. 명백하게unambiguously 형성된 모든 진술은 참이거나 거짓이다. 만약 거짓이라면 그 진술의 부정은 참이 된다.
2. 그러므로 참인 진술이 존재하는 만큼 같은 수의 거짓 진술이 존재한다.
3. 그러한 명백한 진술은 우리가 그것이 참인지 확신할 수 없다고 하더라도 모두 참이거나 혹은 그 부정이 참이다. 이로써 진리를 확실성을 지니거나 분명하다고 여겨지는 진리와 동일하게 취급하는 것은 잘못임을 알 수 있다. 진리와 확실성은 반드시 분명하게 구별해야 한다…[KSR, p.5.]

'진리'를 정의하기 위해서는 진리와 확실성의 구분하면서 진리의 상대성을 지양해야 한다. 포퍼는 많은 학자들이 진리를 정의하는데 있어 상대주의에 빠지는 것을 경계하고 있다. 그는 상대주의를 "대중을 선동하는 사악한 짓"이라고 비판하면서 이 같은 주장은 진리와 확실성을 혼동했기 때문이라고 지적한다.

> …"진리란 무엇인가"라는 이 오래되고 유명한 질문의 이면에는 철학적 상대주의가 숨어 있는데, 이는 대중을 선동하여 증오를 낳는 거짓선전과 같은 사악한 짓을 가능하게 하지요. 상대주의적 입장을 표방하는 대부분의 사람들은 이와 같은 면을 보지 못하고 있습니다. 그러나 이들은 상대주의의 이면을 직시해야 하고, 이를 파악할 수 있어야 합니다. 버트런드 러셀(Bertrand Russell, 1872-1970)이나 『지식인의 반역La Trahison des Clercs』[3])의 저자인 쥘리앙 방다(Julien Benda, 1867-1956)는 이를 알아보았죠.
>
> 많은 지식인들이 상대주의라는 죄를 범합니다. 이는 이성과 인성humanity에 대한 배신입니다. 나는 일부 철학자들이 옹호하며 근거 없이 주창하고 있는 진리의 상대성은 진리와 확실성을 혼동하여 나온 개념이라고 생각합니다. 확실성의 경우에는 좀 더 신뢰할 만하냐 그렇지 못하냐에 따라 그 정도에 대해 이야기할 수 있을 것입니다. 또한 확실성은 현안에 따라 달라진다는 점에서 상대적이라 할 수 있습니다. 나는 이 점에서 진리와 확실성에 관한 혼동이 나타난 것이라 생각하는데, 이 같은 혼동은 몇몇 사례에서 아주 분명하게 드러나고 있습니다.
>
> 진리와 확실성을 구분하는 것은 법학과 법률 업무에서는 대단히 중요합니다. '의구심이 드는 상황에서 피고에게 유리한 쪽으로 적용하라[4])'라는 원칙과 배심원제에서 이를 살펴볼 수 있지요. 배심원들의 책무는 그들에게 주어진 사건이 의심스러운지 아닌지를 판단

---

3) [역주] 지식인은 부동의 이성으로 절대적이고 영원불변한 이상을 추구하는 성직자이어야 함에도 불구하고 현실에서는 그렇지 않음을 예리하게 비판 · 지적한 책이다. '성직자의 배임', '지적 반역' 등으로 번역될 수 있으며, 한국에서 1979년 '지식인의 반역(서울: 백제, 노서경 옮김)'이라는 이름하에 출간되었다.

4) [역주] 우리나라 형법에서는 죄형법정주의에 의하여 유루해석을 배제하고 있다. 이는 법조문의 의미를 넘어 피고에게 불리하게 적용하면 안 된다는 것을 의미하는데, 반대의 경우, 즉 유추해석이 피고에게 유리한 경우에는 허용된다.

하는 것입니다. 여러분들이 배심원의 경험이 없다고 해도, 진리는 객관적인 반면 확실성은 주관적 판단의 문제라는 점을 이해할 겁니다. 배심원에게는 곤란한 상황이 되겠지요.

배심원들의 의견이 일치하여 합의에 이르는 것을 '배심원의 판결verdict5)'이라고 합니다. 이 판결은 결코 자의적인 것이 아닙니다. 모든 배심원들은 각자의 양심과 식견에 따라 객관적 진리를 발견하는데 최선을 다할 의무가 있습니다. 동시에 자신이 오류를 범할 수 있으며, 불확실성을 지니고 있다는 점을 인식해야 합니다. 또한 진의여부에 대한 합당한 의구심이 든다면, 이를 피고인에게 유리하도록 해석해야 합니다…[KSR, pp.5-6.]

이처럼 진리를 추구하는 일은 막중한 책임을 요구하는 일이며, 배심원의 사례에서도 잘 나타나듯이 진리를 추구하는 행위는 언어를 통해 결정decision이나 판단judgement의 문제로 이어지게 된다. 그리고 이같은 과정은 과학의 영역에서도 똑같이 일어나게 된다.

포퍼는 지식에 대한 그의 의견을 피력함과 동시에 자신이 실증주의positivism6)나 과학지상주의scientism7), 혹은 회의주의에 빠져 있다고 비판하는 일부 시각에 대한 변론을 덧붙이며 지식에 관한 1부 강연을 마무리한다. 이는 실제로 포퍼에게 따라 붙었던 여러 비난의 꼬리표였다. 그는 직접적으로 이 같은 비판에 대한 자신의 입장을 정리하면서 과학적 지식에 대한 개념정의를 분명히 하고 있다.

…여기까지 내가 했던 말을 듣는다면, 분명 누군가는 내가 실증

---

5) [원문 주] 배심원들의 판결을 가리키는 독일어 Wahrsprunch(참이라고 말함)와는 달리 영어표현인 virdict는 진리의 요소를 포함하지는 않는다. 하지만 이 단어는 라틴어 veredictum(진실을 이야기 한 것)이라는 뜻에서 나왔다.

6) 실증주의에서는 형이상학적 사변을 배격하고 사실 자체에 대한 과학적 탐구를 강조하였다.

7) 인식론에서 과학의 한계를 인정하고 다른 인식방법을 허용하는 입장에 반대하여 과학적 인식을 최고의 유일한 인식방법으로 삼는 입장. 통상적으로 '과학주의'라고 번역되나, 의미를 더 살리기 위하여 '과학지상주의'로 번역하였음.

주의나 과학지상주의와 연관되어 있다고 재차 비난하겠지요. 만약 누군가 저의 표현들을 호도하더라도 신경 쓰지 않을 것입니다. 그러나 사실을 곡해하거나 자신이 무슨 말을 하는지도 모르면서 제 표현을 인용하는 것은 문제가 될 수 있겠지요.

나는 과학적 지식을 칭송하고 있지만 과학지상주의를 지지하는 것은 아닙니다. 과학지상주의는 과학적 지식의 권위를 교조적으로 주창하고 있지만, 나는 그 어떠한 권위도 인정하지 않으니까요. 또한 나는 언제나 교조주의dogmatism에 맞서나왔고, 특히 과학에 있어서는 이 같은 항거를 계속할 것입니다. 나는 과학자들이 자신의 이론에 대해 신념을 가져야 한다는 논지thesis에도 반대합니다. "나는 신념을 믿지 않는다8)"라고 했던 E. M. 포스터(E. M. Forster, 1879-1970)와 같은 입장입니다. 특히 나는, 과학에 있어서 신념이라는 것을 믿지 않습니다. 내가 믿는 신념이란 대부분 윤리의 영역에 속해 있지만, 그것도 미미한 정도이지요. 예를 들어 나는 객관적 진리는 가치 있는 것이라고 생각하는데, 이는 현존하는 가치 중 가장 값진 도덕적 가치일 것입니다. 또한 잔악성은 가장 큰 악덕이라고 믿고 있습니다.

나는 실증주의자도 아닙니다. 왜냐하면 나는 인간과 동물들의 고통, 인간의 희망과 선함이 실재한다고 믿으며 그 중요성을 부정하는 것은 도덕적으로 옳지 못하다는 입장을 견지하고 있기 때문입니다. 종종 저에게 따라붙는 또 다른 비난의 꼬리표에 대해서는 다른 방식으로 답변하도록 하겠습니다. 내가 회의주의자이기 때문에 스스로 모순되는 주장을 하거나 허튼소리를 하고 있다는 비난 말입니다. 내가 계속해서 동어 반복적이지 않은non-tautological 방식으로 진리에 관한 일반적 기준을 정립하는 것은 불가능하다고 생각하는 한, 저를 고전적인 의미의 회의주의자로 치부置簿하는 것이 아주 틀린 말은 아닐 것입니다. 하지만 그렇게 본다면 칸트(Immanuel Kant, 1724-1804)나 비트겐슈타인(Ludwig J. J. Wittgenstein, 1889-1951), 타르스키(Alfred Tarski, 1902-1983)와 같은 합리주의 사상가들도 마찬가지입니다. 그들처럼 저도 고전 논리학의 체계를 받아들이고 있습니다. 물론 나는 고전논리학의 체계를 비판적 기재로 해석합니다. 즉, 증명의 기재가 아닌 논박refutation과 설파elenchos의 수단으로 해석하고 있습니다. 그러나 나는 오늘날의 통상적인 회의주의와는 근본적으로 다른 입장을 취

---

8) [역주] 1938년 The Nation지에 소개된 에세이 "What I Believe"의 첫 문장이다. 후에 그의 저서인 *Two Cheers for Democracy* (1951)에 수록되었다.

하고 있습니다. 철학자로서 나는 의구심이나 불확실성에는 관심을 두고 있지 않습니다. 의구심과 불확실성은 주관적인 것인데, 이미 오래전에 나는 주관적 확실성을 추구하려는 불필요한 행위를 중단했기 때문입니다. 나는 오히려 진리를 추구하는 과정에서 개별 이론에 대한 선호를 결정하는 객관적이며 비판적이며 합리적인 근거들에 대한 문제에 관심이 있습니다. 나는 당대의 어떠한 회의주의자도 이와 같은 말은 하지 않았다고 확언합니다…[KSR, pp.6-7.]

2. 실재

다음으로 우리가 흔히 실재reality라고 부르는 각 세계에 대한 설명이 이어진다. 우리가 TV에 나오는 화면이나 책에 기록된 내용을 실재라고 부를 수 있을까? 이것들은 탁자와 의자처럼 실재적이지는 않지만 책 한 권 속에 암호화되어 있는, 즉 독자가 책을 읽을 때 해독되는 추상적인 메시지와 우리의 사고가 동떨어져 있다고 부를 수는 없다. TV 화면에 나오는 영상도 전파를 통해 송신된 고도의 추상적 메시지를 수상기가 해독하는 매우 실재적인 과정을 거치게 된다[9]. 포퍼의 설명에 의하면 이때 책과 TV라는 사물, 그리고 해독의 과정과 그 결과는 서로 다른 차원의 세계에서 이루어지게 된다. 우리는 먼저, 그가 이야기하는 실재를 이해하는 것을 통해 이 같은 포퍼의 세계를 알아가도록 하자.

…우리가 살고 있는 실재의 각 부분은 물질로 이루어져 있습니

---

9) 포퍼의 자서전 『끝없는 탐구: 내 삶의 지적 연대기(박중서 역, 갈라파고스)』pp.297-300.에서 언급된 내용을 바탕으로 재인용한 것이다.

다. 인간은 지표면 위에서 생활하는데, 이는 인류가 근래에 들어서야 개척한 곳이지요. 저도 팔십 평생을 그 위에서 보냈습니다. 하지만 우리는 지구 내부에 대해서는 조금밖에 알지 못합니다. 나는 여기서 '조금'이라는 표현을 강조하고 싶군요. 지구 외에도 해, 달, 별들이 있는데, 이들 역시 물질로 이루어진 구성체material body입니다. 지구와 해, 달, 별들을 함께 놓고 보면 우리는 은하계, 즉 우주에 대해 대략적인 감first idea을 잡을 수 있을 겁니다. 바로 이러한 우주에 관하여 탐구하는 학문이 우주론입니다. 모든 다른 과학 분야도 우주론에 기여하고 있지요.

지구상에 있는 물체는 생물과 무생물로 구분됩니다. 양쪽 모두 물리적 사물physical things의 세계인 물질계material world에 속해 있지요. 앞으로 이 세계를 '제1세계'라고 부르도록 하겠습니다.

나는 우리의 경험세계, 특히 인간의 경험계를 지칭하기 위해 '제2세계'라는 용어를 사용할 것입니다. 제1세계와 제2세계, 다시 말해 물질계와 경험계라는 것은 용어상의 잠정적인 구분임에도 불구하고 많은 반론을 불러왔습니다. 하지만 이러한 구분을 통해 내가 의도했던 것은, 제1세계와 제2세계 사이에 적어도 한눈에 보이는 prima facie 차이를 두는 것 이었습니다. 두 세계에 관한 용인할 수 있는 정체성possible identity을 확립하는 것을 포함해서, 우리가 두 세계의 연계를 탐구하기 위해서는 당연히 가설을 사용해야 합니다. 용어상의 구분이 있다고 해서 어떠한 선입견이 있는 것은 아닙니다. 내가 이러한 용어를 제안하는 이유는, 우리가 다루게 될 문제를 보다 명확하게 제시하기 위함이니까요.

아마 동물들도 경험이란 것을 가질 수 있을 겁니다. 그 점에 대해서는 의심스러운 점이 있지만 지금 이에 대해 논의할 여유는 없군요. 심지어 아메바라 할지라도, 모든 생명체가 경험을 갖는다는 것은 가능한 일입니다. 꿈을 꾼다거나, 고열에 시달리는 환자, 또는 이와 유사한 상황을 통해 알 수 있듯이 우리는 매우 상이한 의식수준에서 주관적인 경험을 겪을 수 있습니다. 깊은 무의식의 상태나 꿈을 꾸지 않는 수면 상태처럼 의식이 없는 상태에서는 경험도 갖지 못하게 됩니다. 그러나 우리는 무의식의 세계가 존재하며, 이는 제2세계에 포함된다고 할 수 있을 것입니다. 어쩌면 제1세계와 제2세계 사이를 오가는 일도 있을지 모릅니다. 이러한 가능성들을 독단적으로 배제해서는 안 되겠지요…[KSR, pp.7-8.]

…지금은 실재를 주제로 강의하고 있는 만큼, 내가 제시했던 세 가

지의 세계 중 가장 확실하게 '실재한다고$_{real}$' 여겨지는 제1세계부터 이야기하고 싶군요. 사실 '실재'의 세계는 물리적 세계에 적용시켜 보았을 때 그 일차적 의미를 획득하기 때문입니다. 다른 뜻은 없습니다.

마흐보다 앞선 시대의 사람인 버클리 주교가 물리적 대상으로 이루어진 실재를 부정하자, 새뮤얼 존슨(Samuel Johnson, 1709-1784)은 그저 바위를 있는 힘껏 걷어 차보기만 하면 그의 주장에 반박할 수 있다고 말했습니다. 발을 밀어내는 바위의 저항이 물질이 실재함을 입증한 셈이지요! 내가 여기서 이야기하고자 하는 것은 존슨은 반발력의 일종이자 영향력으로서의 실재를 저항을 통해 느꼈다는 점입니다. 물론 이러한 방식으로 존슨이 무언가를 증명하거나 논박할 수는 없겠지만, 우리가 어떻게 실재라는 것을 이해할 수 있는지를 잘 보여주었지요.

어린아이는 저항과 같은 일종의 영향력을 통해서 무엇이 실재하는 것인가에 대해서 배우게 됩니다. 가드레일과 벽은 실재하지요. 손으로 집어들 수 있거나 입에 넣을 수 있는 것도 모두 실재하는 것입니다. 무엇보다도 우리 눈앞에 놓여 있거나 우리와는 반대로 움직이는 고체형태의 물체는 실재인 것입니다. 고체로 된 물체를 통해 우리는 실재에 대한 가장 기본적인 개념을 익힐 수 있고, 이로부터 그 개념의 외연을 넓혀가는 것입니다. 그래서 우리는 이처럼 고체 물질을 변화시키거나 그것들에 의해 움직이는 모든 것을 실재의 영역에 포함시킬 수 있습니다. 먼저 물과 공기는 실재하는 것이겠지요. 또한 전자기장과 중력, 열과 냉기, 움직임과 멈춤도 실재하는 것이 되지요.

결국 실재하는 모든 것들은 우리가 걷어찰 수 있는 것입니다. 마치 레이더로 감지하듯이 우리들이나 다른 현실의 대상이 발로 차거나 혹은 걷어차일 수 있는 것입니다. 아니면 다른 실재하는 사물과 서로 영향을 주고받을 수 있습니다. 제 설명이 잘 이해가 되셨으면 합니다. 현실은 또한 지구, 해, 달, 별을 포함합니다. 우주는 실재하니까요…[KSR, pp.9-10.]

포퍼가 구분한 세 가지 세계는 가장 가시적이고 이해하기 쉬운 물질의 세계인 제1세계, 인간의 의식적·무의식적인 경험으로 이루어진 제2세계, 그리고 인간의 생각이 만들어낸 제3세계로 이루어진다. 이는 지식과 실재의 상호작용을 이해하기 위한 용어적 구분이며, 향후 전개될 그의 논지를 이해하기 위해서라도 이 세 가지 세계의 구분을 명확하게 해 두는 것이 중요하다.

> …자, 먼저 제1세계를 알아봅시다. 물질계인 이 세계는 생물체와 무생물체로 나뉘고, 압력, 운동, 힘, 역장field of force과 같은 특정한 상태나 현상을 포함하고 있습니다. 또한 제2세계도 있지요. 이는 의식적인 경험의 세계이지만, 무의식의 세계까지 포함시켜 볼 수 있을 겁니다.
>
> 제3세계란 인간의 생각human mind이 만들어낸 객관적 산물의 세계를 의미합니다. 제2세계 중 인간의 영역에서 나온 산물로 이루어진 세계라 할 수 있지요. 제3세계는 서적, 교향악, 조각품, 신발, 비행기, 컴퓨터와 같은 인간의 생각에 의해 만들어진 물건들로 채워져 있습니다. 또한 냄비, 경찰봉과 같이 제1세계에도 속하는 아주 간단한 물체들도 포함됩니다. 즉, 인간의 정신적 활동에 의해 기획되거나 고안된 물건들은 대부분이 제1세계의 대상일지라도 제3세계에 속하는 것으로 분류된다는 점은 이 용어를 이해하는 데 있어 매우 중요합니다.
>
> 우리의 현실은 서로 연결되어 있고 상호간 영향을 주고받는 세 가지 세계로 구성되어 있기 때문에, 용어 사용에 있어 중첩되는 부분이 있을 것입니다. 여기서 사용하고 있는 '세계'라는 단어 역시 은하계나 우주를 의미하기보다는 그 일부에 속한다고 할 수 있지요…[KSR, p.8.]

포퍼는 자신이 구분한 실재와는 차이를 보이는 입장을 정리하면서 세 가지 세계에 대하여 첨언하고 있다. 즉, 우리의 현실은 물체와 물리적 상태, 현상, 힘으로 이루어진 물질적 제1세계, 경험과 무의식적 정신 상태로 이루어진 정신적 제2세계, 마지막으로 정신적 산물의 세계인 제3세계로 이루어져 있다. 각 세계의 명칭은 생성된 순서에 따라 붙여졌는데, 흔히 우리가 문화, 문명이라 부르는 제3세계는 인류의 등장과 함께 도래했다는 점에서 오직 인간만이 만들어낼 수 있는 세계라 할 수 있다.

…제1세계만이 실재한다고 여기는 일단의 철학자들은 예나 지금이나 존재해왔습니다. 이를테면 유물론자들이 그렇게 생각하지요. 또한, 소위 비유물론자로 불리는 철학자들은 제2세계만이 실재한다고 간주합니다. 심지어는 고금을 막론하고 유물론에 반대하는 물리학자들도 있어왔지요. 가장 대표적인 학자로는 에른스트 마흐(Ernst Mach, 1838-1916)를 들 수 있습니다. 항상 그랬던 것은 아니었겠지만, 그는 앞선 시대의 버클리 주교(Bishop Berkeley, 1685-1753)와 같이 감각적 인상만이 실재라고 생각했습니다. 그는 저명한 물리학자였지만, 물질이 존재하지 않는다는 전제를 바탕으로 물질 이론theory of matter의 난제들을 해결하고자 했습니다. 특히 그는 원자나 분자는 존재하지 않으며, 이러한 정신적 구성물은 불필요할 뿐만 아니라 오해의 소지가 크다고 주장했습니다.

이원론자dualist라고 불리는 사람들도 있습니다. 이들은 물리적 제1세계와 정신적 제2세계가 모두 실재한다고 생각했지요. 나는 이러한 논지에서 조금 더 나아갑니다. 나는 물리적 제1세계와 정신적 제2세계가 모두 실재한다고 생각하며, 따라서 인간의 사고에 의해 탄생한 모든 물리적 산물들, 예를 들자면 자동차, 칫솔, 동상들도 모두 실재라고 생각합니다. 뿐만 아니라 나는 제1세계와 제2세계에 포함되지 않은 정신적 산물들까지 실재한다고 여깁니다. 다시 말하자면, 나는 제3세계에 존재하는 비물질적 대상들까지도 실재한다고 전제하며, 매우 중요하다고 생각합니다. 예를 들자면 문제problems가 여기에 속합니다.

숫자에 나타나 있듯이 제1, 2, 3세계는 생성순서에 따라 지정되었습니다. 현재 우리가 알고 있는 지식을 근거로 추측하건대, 제1세계의 무생물적 부분이 가장 오래되었고 그 이후에 제1세계의 생물체가 나타났을 것입니다. 같은 시기이거나 다소 늦게 경험의 세계인 제2세계가 등장했고, 인류의 출현과 함께 제3세계, 즉 인류학자들이 '문화culture'라 부르는 정신적 산물의 세계가 도래한 것이지요…[KSR, p.9.]

그가 상정한 세 가지 세계에 대한 대략적인 정리와 실재에 대한 개념정의가 끝낸 이후 포퍼는 매우 흥미로운 논리를 전개해 나간다. 바로 물리학의 발전과정에서 보여준 유물론의 도태와 다윈(Charles Robert Darwin, 1809-1882)의 진화론에서 나타난 생물학적 도태를 연관시켜

치열한 지식세계를 묘사하고자 한 것이다.

먼저 스스로 한계에 봉착한 유물론과 이를 대체한 물리주의에 대한 그의 설명을 통해 물리학의 발전과정을 간략하게 알아보자.

…나는 유물론자는 아니지만, 유물철학자들을 존경합니다. 특히 데모크리토스(Democritus, BC460?-BC370?), 에피쿠로스(Epicurus, BC341 BC270), 루크레티우스(Lucretius, BC94?-BC55?)와 같은 뛰어난 원자론자들을 존경하지요. 이들은 위대한 고대 계몽주의 철학자이자, 미신을 타파하고자 했던 인류의 해방자였습니다. 그러나 유물론자들은 스스로 설명할 수 없는 영역까지 나아가며 그 한계를 드러냈지요.

유물론의 빈자리에는 이전의 것들과는 전혀 다른 물리주의가 들어서게 되었습니다. 압력이나 밀어냄에 관한 인간의 일상적인 경험으로 모든 영향들과 실재의 모든 것을 설명했던 세계관 대신에 이러한 영향력을 미분방정식을 통해 기술 가능하다는 철학이 등장한 것입니다. 닐스 보어(Niels Bohr, 1885-1962)와 같은 저명한 물리학자들은 궁극적으로 경험적으로는 더 이상 설명이 불가능하고, 이해할 수 없는 현상을 공식을 통해서 기술 가능하다는 점을 거듭 천명했습니다[10].

현대 물리학의 역사를 아주 간략하게 이야기해보겠습니다. 유물론은 뉴턴(Sir Isaac Newton,1643-1727), 패러데이(Michael Faraday, 1791-1867), 맥스웰(James Clerk Maxwell, 1831-1879)의 등장으로 부지불식간에 폐기되었습니다. 아인슈타인(Albert Einstein, 1879-1955), 드 브로이(Louis V. P. R. de Broglie, 1892-1987), 슈뢰딩거(Erwin Schrödinger, 1887-1961)가 물질 자체의 본질을 설명하는 방향으로 연구를 계속하자, 유물론은 스스로를 한계를 드러내게 된 것이지요. 이들이 사용한 기계적 진동oscillations, 진동vibration, 파동waves과 같은 용어는 물질의 진동을 의미하기보다는 다수의 역장을 포함한 비물질적인 매질의 진동을 의미하는 것이었습니다. 그러나 이와 같은 연구계획들 역시 구식으로 치부되었고, 보다 추상적인 연구계획으

---

10) [역주] 보어는 원자 속에 존재하는 전자들은 단순히 그냥 존재하는 것이 아니라 특별한 에너지를 가진 궤도에서만 존재하며 양자화되어 있다고 주장하면서 자신만의 원자모형을 제시한다. 그 과정에서 그는 원자의 운동을 진동수뿐 아니라 그 강도에 대한 것까지 논의하기 위하여 대응원리(Correspondence Principle)를 고안하게 된다. 보어에 의해서 새롭게 탄생한 양자이론은 미시적 세계를 설명하는 새로운 방향을 제시했다고 평가받고 있다.

로 대체되게 됩니다. 물질을 확률장field of probability의 진동으로 설명하는 이론을 예로 들 수 있겠지요. 현대 물리학의 역사에 있어 각 국면마다 새롭게 등장한 이론들은 큰 성공을 거두었지만, 이 이론들 역시 보다 성공한 이론에게 그 자리를 내어주게 됩니다.

　　지금까지 이른바, 스스로의 한계를 보인 유물론에 대해서 개괄적으로 설명해보았습니다. 이는 물리주의가 유물론과는 전혀 다른 사조임을 보여주는 분명한 근거이기도 합니다…[KSR, pp.10-12.]

　이어서 포퍼는 다윈주의 통해 물리학과 생물학 사이에서 발전되어 오던 두 학문의 연계를 개괄적으로 설명하고 있다. 특히 그는 다윈주의에 대한 전통적 해석과 자신이 보다 나은 것이라고 간주하는 새로운 해석을 제시하고 있는데, 이러한 입장은 후에 그가 주장하는 지식 세계의 유토피아를 실현할 수 있는 논리적 근거가 되기 때문에 자세히 살펴볼 필요가 있다.

　　…대개 다윈주의는 비정한 철학으로 간주됩니다. 자연을 치열한 전쟁터로 묘사함으로써, 자연이 인간과 그들의 전반적인 삶에 있어 가혹한 위협을 가하고 있는 장면을 연상시키지요. 하지만 나는, 이 같은 시각은 다윈주의가 탄생하기 이전의 사상가들-맬서스(Thomas R. Malthus, 1766-1834), 테니슨(Alfred Tennyson, 1809-1892), 스펜서(Herbert Spencer, 1820-1903)-의 영향을 받아 만들어진 선입견11)이며, 실제 다윈주의가 담고 있는 내용과는 무관하다고 주장하고 싶군요. 다윈주의에서 소위 '자연선택'이라 불리는 내용을 굉장히 강조하고 있는 것은 사실이지만, 여기에 대해서도 사실 상당히 다른 해석이 가능한 법입니다.

　　아시다시피, 다윈은 맬서스로부터 영향을 받았습니다. 그는 인

---

11) [역주] 영국의 경제학자 맬서스는 그의 저서 『인구론』에서 인구는 기하급수적으로 증가하나 식량은 산술 급수적으로 증가하므로 필연적으로 인구와 식량 사이의 불균형이 발생할 수밖에 없으며, 여기에서 기근, 빈곤, 악덕 등이 발생한다고 설명했다. 영국의 시인 테니슨은 역시 다윈의 진화론이 발표되기 이전부터 그의 시를 통해 진화론적 입장을 표명하였다. 철학자이자 심리학자인 스펜서는 진화 철학을 주장하고, 진화가 우주의 원리라고 생각하여, 인간이 살아가는 사회에도 강한 사람만이 살 수 있다는 '적자 생존설'을 믿었으며, '사회 유기체설'을 주장하였다.

구중가가 식량부족과 겹쳐지면 참혹한 경쟁이 유발된다고 설명했습니다. 가장 강한자만이 선택되어 살아남고 그렇지 못한 자들은 멸절滅絶된다는 것을 보여주고자 했던 것이지요. 그러나 맬서스의 이론에 따르면, 경쟁의 중압감으로 인해 가장 강한 자조차 사력을 다하지 않을 수 없게 됩니다. 그와 같이 해석한다면, 경쟁은 자유의 제한으로 귀결되는 것이지요.

그러나 다르게 해석할 수도 있습니다. 인간이 자유의 확장을 시도하는 것이며, 새로운 가능성을 모색하는 것으로 볼 수 있지요. 경쟁이란 분명, 생활을 영위하는 새로운 방식과 이를 통한 새로운 삶의 가능성을 발견하는 과정이라 여겨질 수 있습니다. 그리고 이같은 발견과 함께 새로운 생태적 지위를 구축하게 되는데, 여기에는 신체적으로 장애를 가진 사람들을 위한 거처도 포함됩니다.

이처럼 상이한 해석의 가능성은 두 가지 선택지를 제시합니다. [외부로부터 강요된] 선택의 압력이 증가된 것인가, 아니면 [내부의 추동에 의한] 자유의 확장인가이지요.

이 두 가지 해석은 근본적으로 다릅니다. 경쟁을 자유의 제한으로 보았던 첫 번째 해석은 부정적인 것이고, 이를 자유의 확장으로 간주한 두 번째 해석은 긍정적이지요. 물론 양쪽 모두 지나치게 단순화시킨 해석이지만, 둘 다 진실에 가까운 것an approximation to the truth이라 볼 수 있습니다. 그런데 과연 우리는 이 둘 중에서 어느 하나가 더 나은 해석이라고 주장할 수 있을까요?

나는 그럴 수 있다고 봅니다. 경쟁사회가 거둔 눈부신 업적과 엄청난 자유의 확장은 오직 긍정적인 해석으로만 설명할 수 있기 때문입니다. 그래서 이러한 해석이 더 나은 해석인 겁니다. 보다 진실에 가깝고, 더 잘 설명할 수 있으니까요.

만약 이런 경우라면, 새로운 가능성과 자유를 추구하고 이 가능성을 실현시키고자 하는 내부적 추동에 의한 개인적 동기부여는, 약자들은 제거되고 강자들에게조차 자유의 절감을 초래하는 외부적 선택의 압력보다 효과적입니다.

이상의 언급 속에서 나는 인구의 증가로부터 받는 압력을 자연스레 받아들이고 있습니다. 그렇다면 이제, 자연선택에 의해 다윈의 진화론을 해석하는 문제는 맬서스의 이론을 해석하는 문제와 다를 바 없어 보이는군요.

기존의 부정적 관점 중에서 지금까지도 유효한 내용은 적응과정에서 유기체가 할 수 있는 역할은 수동적인 것에 불과하다는 점입니다.

적응과정에서 유기체는 단순히 수동적인 역할만 담당한다는 점은, 부정적인 관점에서 여전히 수용되고 있는 기존의 견해입니다. 유기체들은 매우 다양한 종류의 개체로 이루어져 있는데, 전반적으로 경쟁, 즉 생존을 위한 투쟁을 통해 잘 적응한 개체들이 선택되고 그렇지 못한 개체들은 제거됩니다. 그리고 이러한 선택의 압력은 외부로부터 오는 것입니다.

대개 모든 진화현상들, 특히 적응 현상은 외부로부터 작용하는 도태압력을 통해서만 설명할 수 있다고 강조하고 있습니다. 변종이나 유전자 풀gene pool의 변이를 제외하면, 내부로부터 영향을 받는 진화현상은 없습니다.

내가 제시하고 있는 새로운 긍정적 해석에서는 베르그송(Henri Bergson, 1859-1941)[12])과 마찬가지로, 모든 살아있는 생명체의 활동을 강조하고 있습니다. 모든 유기체는 완벽한 문제해결능력을 갖추고 있습니다. 이들이 풀어야 할 첫 번째 과제는 생존입니다. 그러나 다양한 상황 속에서 수많은 구체적concrete 문제들이 속출하게 되는데, 이 중에서 가장 중요한 문제는 더 나은 삶의 조건을 찾는 것입니다. 보다 많은 자유와 더 나은 세상을 추구하는 것이지요.

이러한 긍정적 해석에 따른다면, 초기 단계에서는 대상의 내부에서 강력한 도태압력이 존재하게 되는데, 이는 외부로부터 오는 자연선택과 도태압력에 기인한 것입니다. 도태압력 때문에 유기체가 환경에 적응하는 것이지요. 도태압력은 새로운 생태적 지위Ecological niche[13])를 갖는 것과 같은 유기체의 행동을 통해 나타납니다. 뿐만 아니라 따라서는 새로운 생태적 지위를 구축하는 것으로 나타나기도 하지요.

어떠한 지위를 선택하는가는 내부의 압력에 의한 것입니다. 즉, 생활양식과 주변 환경을 선택하는 행동으로 볼 수 있습니다. 친구를 사귀고 다른 사람들과 더불어 사는 것symbiosis도 이 같은 행동으로 간주되는데, 생물학적인 관점에서 볼 때는 배우자의 선택이 가장 중요합니다. 음식에 대한 기호나 햇빛에 대한 선호도 있을 수

---

12) [역주] 프랑스의 관념론 철학자로 생철학, 직관주의를 대표하는 학자이다. 모든 사물의 근원으로서 '순수 지속'을 주장하고 있는데, 과학적 인식에 의한 물질·시간·운동은 이 지속성 안에서 나타난 여러 형태들이자 지속의 고정화라는 해석이 그의 기본적인 입장이다.

13) [역주] 어떤 생물이 그 생물공동체 안에서 차지하고 있는 지위를 말한다. 생태적 지위는 그 생물이 어디서 서식하고 거기서 무엇을 먹고, 무엇에 먹히는 관계 속에서 생활하고 있는가로 판단할 수 있다. 즉, 그 생물이 생활하는 장소에서 그것이 일원이 되는 공동체에 있어서의 먹이연쇄의 어디에 위치하고 있는가에 따라 결정된다. 생물은 각각 하나의 생태적 지위를 차지하고 생활하고 있으며, 생태적 지위를 같이하는 두 종류는 동일한 환경에서는 공존하지 못한다. 예컨대 같은 나무에 의존하여 식식성(植食性) 생활을 하여도 잎을 먹는 것과 수피·수액 등을 먹는 것은 서로 다른 생태적 지위를 갖으며, 같은 풀을 먹지만 소와 나방 유충은 생태적 지위가 다르다. 이후 글에서 나타나는 '지위'는 모두 생태적 지위를 의미한다.

있지요.

　이렇게 우리는 내부에서 오는 도태압력을 받습니다. 그리고 긍정적 해석에서는 이 같은 내부적 도태압력을 외부적 도태압력만큼이나 중요하게 여깁니다. 유기체는 기질적 변화를 전혀 겪지 않는다 할지라도 새로운 지위를 찾게 되며, 나중에는 자신들이 능동적으로 선택한 [생태적] 지위에서 오는 외부적인 도태압력에 의해 변이를 일으키는 것이죠.

　이 같은 과정을 우리는 일종의 순환, 즉 외부적 도태압력과 내부적 도대압력의 사이에서 나타나는 나선형 상호작용이라고 부를 수 있습니다. 이러한 순환, 나선형 상호작용 속에서 어느 쪽이 수동적이며, 어느 쪽이 능동적인가 하는 질문에 앞서 설명한 두 가지 해석은 각기 다른 대답을 할 것입니다. 기존이론은 외부에서 오는 도태압력이 능동성을 갖는다고 설명하며, 새로운 이론은 선택의 주체인 유기체는 능동적이며 이는 내부적 도태압력에 기인한다고 간주합니다…**[KSR, pp.12-14.]**

이처럼 다윈의 진화론과 이에 따른 자연선택설은 근본적으로 서로 다른 두 가지 해석이 가능하다. 먼저 지연선택이 도태압력 속에서 불가피하게 발생하는 경쟁을 자유의 제한으로 보았던 부정적인 해석이 있고, 같은 현상을 환경의 개선을 통한 자유의 확장으로 간주한 긍정적인 해석이 있을 수 있다. 이 중 포퍼는 두 번째 해석을 보다 진실에 가까운 해석, 즉 더 나은 해석으로 간주하고 있는데 그 이유는 다음과 같다.

　…물론 두 해석 모두 관념적이며, 동일한 객관적 현상에 대한 상이한 관념적 해석에 불과하다고 생각하실 수 있습니다. 그러나 우리는 두 가지의 해석 중에서 어느 한쪽에 더 잘 들어맞는 사실이 존재하는 가[14)]에 대해 반문해 보아야 합니다.

---

14) [원문 주] 물론 기존 이론의 해석을 뒷받침해주는 사실들도 존재한다. 예를 들어 DDT와 같은 독극물이나 페니실린의 도입이 초래한 거주지의 파괴적 변화를 들 수 있다. 이 같은 경우에는 유기체의 선호와는 무관하게 변이의 발생이 종의 생존여부를 결정하게 된다. 이러한 형태의 변화를 보여주는 유명한 사례가 영국의 '공업암화'이다. 산업공해에 적응하여 (나방의) 흑색변종이 나타난 것이다. 이처럼 현저하며, 실험에 의해 검증 가능하지만 아주 특수한 사례들이 있기 때문에, 아마도 내가 제시한 다윈주의의 '부정적 해석'

나는 그러한 사실이 존재한다고 생각합니다. 간단히 말해, 무생물체인 환경inanimate surroundings에 대한 생명체의 승리가 그것입니다. 사람들이 가설을 통해 추정하고 있듯이, 모든 생명체로 발전해나간 원시세포primordial cell가 존재한다는 점이 가장 핵심적인 사실이 될 수 있겠지요. 다윈의 진화론적 생물학이 설명하는 대로 이 사실은 자연이 날카로운 조각칼을 휘둘러 생명체를 변화시켰다는 가설로 가장 잘 설명할 수 있습니다. 자연은 우리의 경탄을 자아낼 정도로 모든 살아있는 생명체를 적응시켜나갔지요.

그러나 이 같은 견해와 상충하는 견해도 지적해볼 수 있습니다. 원시세포는 아직 살아있다는 점입니다. 우리 모두가 하나의 원시세포라 할 수 있습니다. 이 사실은 하나의 심상image이나 비유적 표현이기보다는 문자 그대로의 진리literal truth입니다.

여기에 관해 아주 짧게 설명하도록 하지요. 세포는 죽거나, 분할하거나, 융합할 수 있습니다. 세포가 융합한다는 것은 다른 세포와 병합되는 것을 말하는데, 이 경우에 대부분 세포분할이 일어납니다. 세포의 분할이나 융합이 죽음을 의미하지는 않습니다. 이는 재생산의 과정이며, 사실상 살아있는 세포 하나에서 두 개의 세포가 되는 것이지요. 두 과정에서 모두 기존의 세포는 계속 살아있습니다. 수십 억 년 전에 존재했던 하나의 원시세포는 수십조 개의 세포가 되는 방식으로 생존하게 됩니다. 그리고 그 원시세포는 지금도 살아있는 모든 세포들 속에서 생명을 유지하고 있습니다. 과거로부터 지금까지의 생명체는 모두 원시세포가 분할되어 나타난 결과물인 겁니다. 따라서 원시세포의 구성체는 아직도 살아있다고 할 수 있습니다. 이 문제에 관해서는 어떠한 생물학자도 이의를 제기하지 않을 것입니다. 현재 내 몸에 당시의 원자가 하나도 남아있지 않더라도 지금의 내가 30년 전의 나와 같은 사람이라는 것과 유사한 의미에서, 우리는 모두 원시세포인 것입니다.

나는 자연을 치열한 전쟁터가 아니라, 눈에 보이지도 않는 아주 작은 생명체가 수억 년 동안 살아남아서 세계를 정복하고 개선할 수 있게 해준 터전으로 보고 있습니다. 만약 그 과정에서 생명체와 환경이 서로 다투었다면, 생명체가 승리를 거두었다고 할 수 있지요. 나는 이처럼 다소 수정된 다윈이론이 기존의 이데올로기와는 전혀 다른 시각을 불러일으켰다고 생각합니다. 생명체가 활동하고 더 나은 세상을 추구함에 따라 점차 세상은 적응하기 쉬워졌으며,

---

을 받아들인 이론들이 생물학자들 사이에서 널리 퍼지게 되었을 것이다.

생명체에게 보다 유리한 환경이 되었습니다. 그 속에서 우리가 살고 있는 것이지요…[KSR, pp.14-15.]

포퍼는 상반되는 두 입장을 함께 소개하고, 다윈주의에 대한 부정적 해석을 비판하면서 그의 논지를 강화하는 전개를 취하고 있다. 그는 정치적으로 잘못 활용된 다윈주의와 사회생물학에서 내세우는 결정론직 입장을 비판하며 다윈주의에 대한 긍정적 해석을 부각시키기 위해 두 입장을 나란히 비교하고 있다.

　…하지만 누가 이러한 사실을 인정하려듭니까? 오늘날 모든 사람들은 세상과 '사회'를 악의 총체라고 믿는 미신에 빠져 있습니다. 과거에 독일과 오스트리아의 사람들이 모두 하이데거와 히틀러를 믿고 전쟁을 인정했던 것처럼 말입니다. 그러나 악에 대한 그릇된 믿음 자체가 악덕입니다. 그 잘못된 믿음은 젊은이들의 희망을 꺾어버리고, 그들을 의심과 실망의 나락으로 빠뜨리며 폭력으로 인도하기도 합니다. 비록 이 그릇된 믿음이 본질적으로는 정치적이라 할지라도, 다윈주의에 대한 기존의 해석도 이러한 믿음이 형성되는 데 기여했습니다.
　수십 억 년 동안 생명체가 환경에 적응해온 것과 이들이 만들어낸 이 놀라운 모든 것을 우연의 산물로 치부하는 논제는 부정적인 이데올로기에서 매우 중요한 부분을 차지하고 있습니다. 이는 오늘날 실험실에서는 도저히 재현해낼 수 없는 것인데도 말입니다. 이 논제는 결국 생명체 스스로가 만들어낸 것은 아무것도 없으며, 모든 것이 우연히 발생한 변이와 자연선택이 작용하여 만들어낸 산물이라고 주장합니다. 생명체의 내부적 압력은 같은 개체들을 생산하여 증식하는 자기재생산self-reproduction에만 영향을 준다는 것이지요. 다른 모든 것들은 투쟁의 소산인데, 이 투쟁은 자연과 서로를 향한 눈먼 투쟁인 셈이지요. 그리고 태양광을 에너지원으로 섭취하는 것과 같은 일은 그저 우연히 나타난 결과라는 겁니다. 개인적으로는 정말 놀랍다고 생각하는데 말이죠.
　나는 다시 한 번 이러한 생각들이 단지 하나의 이데올로기, 즉 기존 이데올로기의 일부일 뿐이라고 이야기하고 싶습니다. 이 이데올로기에는 유전자들은 협업을 통해서만 기능하고 생존할 수 있다는 이기적인 유전자selfish gene의 신화15)도 포함되어 있습니다. 이와 같은 사회적 다윈주의는 최근에 어리석게도 새로 가다듬은 결정론적 입장을 내세우고 '사회생물학16)'이라는 새로운 이름으로 부활했지요.

그럼 이제, 두 이데올로기의 핵심내용을 나란히 비교해 봅시다.

1. 기존 이데올로기: 외부적 도태압력은 무언가를 제거하는 방식으로 작용한다. 때문에 생명체에게 환경은 적대적이다.
   새로운 이데올로기: 내부에서 오는 능동적인 선택의 압력은 보다 나은 환경, 더 좋은 생태적 지위, 더 나은 세상을 추구하게 만든다. 이는 생명체에게는 더 없이 호의적이다. 생명체는 생활을 영위하기 위하여 환경을 개선하며, 환경이 생명체와 인간에게 더 유리하도록 만든다.
2. 기존 이데올로기: 유기체는 완전하게 수동적이지만, 능동적으로 선택된다.
   새로운 이데올로기: 유기체는 능동적이며, 언제나 문제를 해결하기 위하여 노력한다. 삶은 문제해결을 포괄하는데 이 같은 문제해결을 통해 생명체는 새로운 생태적 지위를 선택하거나 구성하기도 한다. 유기체는 능동적일 뿐만 아니라, 그 활동성도 계속 증가하고 있다. (결정론자들처럼 인간의 활동성을 부정하려는 시도, 특히 우리의 비판적 정신활동을 부정하려는 것은 역설적이다) 흔히 우리들이 생각하는 것처럼 동물의 생명은 바다에서 시작되었다면, 그들이 살았던 환경은 여러 측면에서 단일했다고 할 수 있다. 그럼에도 불구하고 (곤충을 제외한) 동물들은 육지로 올라오기 이전부터 척추동물로 발전했을 것이다. 환경은 생명체에게 동등한 조건을 제공했고, 상대적으로 차이가 없었지만, 생명체는 예상할 수 없을 정도의 수많은 형식으로 다양해졌다.
3. 기존 이데올로기: 변이는 순전히 우연에 의해 나타났다.

---

15) [역주] 자연선택의 단위는 유전자이고, 생물의 다양한 성질은 그 성질에 영향을 주는 유전자의 생존이나 증식에 유리하도록 진화하였다는 견해를 설명하기 위한 비유적 표현이다. 즉, 생물의 성질은 그 생물 개체에 유리하도록 자연선택에 의해 진화되었다는 '개체로부터의 시점'이 아니라, 이기적 유전자라는 '유전자로부터의 시점'을 적용한 것이다.

16) [역주] 사회학적 현상을 생물학적 지식을 이용하여 탐구하는 학문. 인간을 포함한 동물의 사회적 행동에 관해서, 이것이 자연도태를 주요인으로 하는 진화과정의 결과 형성된 것이라는 생각에 바탕을 두고, 여기에 행동학과 생리학 등 관련분야의 식견을 더하여 연구하는 학문이다.

새로운 이데올로기: 변이는 우연적으로 발생했다. 그러나 유
기체는 언제나 삶을 개선하기 위한 놀라운 것들을 만들어내
고 있다. 자연과 진화, 유기체는 모두 창의적inventive이다. 유기
체는 우리와 마찬가지로 시행, 그리고 이를 통해 오류를 제거
하는 방식으로 무언가를 만들어낸다.

4. 기존 이데올로기: 우리는 무자비한 제거를 통해 이어진 진화
과정을 통해 변화되어온 적대적 환경에서 살고 있다.

새로운 이데올로기: 최초로 존재했던 세포는 수억 년이 지난
지금도 살아 있으며, 현재에는 무수하게 복제된 세포 속에 들
어 있다. 그래서 결국 우리의 시선이 머무는 곳마다 원시세포
가 존재하고 있는 셈이다. 그 세포들이 이 땅에 정원을 만들
고, 실록으로 둘러싸인 환경을 만들었으며, 우리의 눈目을 생
성하여 푸른 하늘과 별들을 볼 수 있게 하였다. 최초의 세포
는 여전히 왕성하게 활동하고 있다…[KSR, pp.15-17.]

이제 다시 각 세계에 대한 설명으로 돌아가도록 하자. 물질로 이루
어진 제1세계는 가장 가시적이고 이해하기 쉬운 세계였다. 반면 경험
으로 이루어진 제2세계는 보다 추상적인 개념을 내포하고 있는데, 포
퍼는 제2세계를 관장하고 있는 인간의 의식, 즉 평가를 내리고 식별
하는 의식의 측면을 강조하고 있다.

…이제 제2세계에 대해 논의해 봅시다. 유기체가 자신을 둘러싼
환경과 자기 스스로를 개선하는 것은 동물의 의식이 확장되고 발
달되는 과정과 관계가 있습니다. 문제풀이, 즉 창안은 전적으로 의
식적인 활동만은 아닙니다. 이 활동은 시행-착오의 방법으로 축적
됩니다. 즉, 유기체가 그들의 세계, 다른 말로 하면 자신을 둘러싼
환경과의 상호작용을 통해 무언가를 시도하고 이를 통해 오류를
제거해나가는 것입니다. 그리고 이러한 상호작용의 과정에서 의식
이 간여할 때가 있습니다. 짐작컨대 애초부터 의식, 즉 제2세계는
평가를 내리고 식별을 하는 의식이며 문제를 풀어내는 의식인 것
입니다. 내가 물리적 제1세계의 생물적 부분에 대해 말씀드렸듯이,
모든 유기체는 문제해결자입니다. 내가 제2세계에 대해 갖고 있는

기본 가정은 제1세계의 생물적 부분에서 찾아볼 수 있는 문제풀이 활동이 의식의 세계인 제2세계의 등장에 기인한다는 것입니다. 그렇다고 해서 내가 유기체에 대해서 주장했던 것과 같이 의식이 언제나 문제를 해결해왔다고 말하고 싶은 것은 아닙니다. 오히려 이와 반대입니다. 유기체는 태어나면서부터 죽는 순간까지 문제해결에 골몰해 있지만, 의식은 문제해결에만 관심을 두고 있지 않습니다. 물론 그것이 의식의 가장 중요한 생물학적 기능임에도 말이죠. 나는 본래 의식의 중요한 임무는, 문제해결에 있어 그 성패를 예견하여 어떠한 시도가 그 문제의 해결을 위한 올바른 경로path인지 아닌지를 고통과 쾌락이라는 신호를 통해 유기체에게 알려주는 것이라고 가정합니다. 여기서 '경로'라는 말은 본질적으로 아베마의 경우와 같이 유기체가 취하는 물리적인 방향이라고 문자 그대로 이해하면 됩니다. 쾌락과 고통의 경험은 유기체가 밟아나갈 발견의 여정과 학습의 과정에 있어 의식적인 도움을 줍니다. 때문에 의식은 기억을 해내는 과정mechanism of memory에 간여干與하게 되지만, 이 역시 생물학적 근거에서 볼 때 전적으로 의식적인 것은 아닙니다. 우리가 무언가를 기억해내는 과정에 있어 대부분이 의식적일 수는 없다는 것을 깨닫는 것은 매우 중요합니다. 의식과 무의식은 서로 간여합니다. 엄밀히 말하자면 이러한 이유 때문에, 서로 밀접한 연관성을 지녀서 거의 연역적으로까지 보이는 의식적·무의식적 사건이 존재하게 되는 것입니다.

이러한 이유로, 존재에 작용하는 무의식의 영역이 근본적으로 우리의 기억에 영향을 주는 기관들memory apparatus과 연계되는 것은 불가피해집니다. 그 무의식의 영역에 우리의 주변 즉, 우리가 놓여있는 생태적 지위에 대한 모든 무의식적 지도unconscious map가 존재하게 됩니다. 이론이란 바로 이런 무의식적 지도와 예견expectations으로 구성된 유기적 구조, 다시 말해, 예견을 언어적 구성물로 형성해 놓은 것입니다. 이론은 인지기관을 통해 얻어진 정보로 구성되며, 따라서 의식적 측면과 무의식적 측면이 물리적 세계인 제1세계와 상호작용하게 되는 것입니다. 제1세계의 세포들, 사람으로 치자면 뇌에서 이러한 일이 일어나지요.

그래서 나는 제2세계를 마흐가 묘사한 것처럼 시각, 청각과 같은 감각의 세계라고 생각하지 않습니다. 나는 마흐가 우리의 다양한 경험들을 체계적으로 기술하거나 분류하지 못했기 때문에 그렇게 생각했다고 여기는데, 이 같은 방식으로는 제2세계의 이론에 도달할 수 없다고 생각합니다.

우리는 먼저 의식의 생물학적 기능이 무엇이며 이 기능들 중에서 무엇이 가장 기본적인가에 대해 고민해야 합니다. 또한 이 세상에 관한 정보를 능동적으로 추구하는 과정에서 어떠한 방식으로 우리의 감각이 창안되었는지 궁금하게 여겨야 합니다. 즉, 촉각 기술을 어떻게 배웠으며, 사진의 인화, 빛이나 소리에 대해서는 어떻게 알게 되었는지에 대해 의문을 가져야 한다는 겁니다. 우리는 새로운 문제에 직면하고, 환경에 대한 새로운 이론과 예상을 통해 이 문제를 해결해야 합니다. 이처럼 제2세계는 제1세계의 대상들과의 상호작용을 통해 존재하게 되는 것입니다…[KSR, pp.17-18.]

그는 이후 제1세계가 어떻게 시작되었는가를 설명하며 '창발emergence17)'의 개념을 설명한다. 물리학자들이 이야기하는 제1세계는 비非물질적이거나 전前물질적인 세계로 이루어진 제0기부터 시작해서 원자와 분자가 차례로 등장하고 보다 '물질적인' 모습을 갖추게 되는 6기까지로 구분될 수 있다. 포퍼는 여기에 대해서도 충분한 시간을 할애하여 설명하고 있지만, 본문에서는 불필요한 혼란을 피하기 위하여 이 부분은 생략하고, 이 과정에서 나타난 창발적 속성에 관한 내용만 살펴보도록 한다.

…우리가 생명체라고 부를 수 있는 것들은 제6기의 세계에서 충분히 냉각되었지만 그렇다고 너무 춥지 않은 영역에서만 존재할 수 있습니다. 생명체는 제6기 중에서도 매우 특별한 국면으로 간주되지요. 고체, 액체, 기체 상태로 이루어진 물질이 공존하는 환경은 우리가 생명체라고 부르는 존재에게는 꼭 필요합니다. 이러한 환경은 또한 고체와 액체 사이의 중간에 위치한 콜로이드colloid 상태의 존속에도 필요하지요. 겉으로 보기에는 상당히 동질적이게 보이지만, 생물은 무생물적 구성물과는 매우 다릅니다. 마치 액체 상태의 물과 기체 상태의 물이 서로 다른 것처럼 말입니다.

---

17) 복잡계의 구성요소가 개별적으로 갖지 못한 특성이나 행동을 구성요소를 함께 모아 높은 전체구조(유기체)에서 자발적으로 돌연히 출현하는 현상.

온도에 따른 단계변화의 특징은 제아무리 뛰어난 자연과학자들이 온도변화에 따라 나타나게 된 하나의 단계를 완벽하게 연구했을지라도, 다음에 오는 단계의 속성을 예측할 수 없다는 것입니다. 제3기의 훌륭한 사상가들이 원자에 대해 연구를 하겠지만, 아직 분자가 나타나지 않은 제3기에서는 아무리 정밀하게 원자를 연구할지라도 앞으로 나타나게 될 분자의 세계에 대해 추리할 수 있는 능력은 없을 것입니다. 또한 제4기에서 증기에 대해 아주 깊은 연구를 진행한다고 할지라도, 액체상태의 물이나 다양한 형상을 지닌 눈의 결정체와 같이 액체가 갖는 새로운 속성을 완전하게 예견할 수 있을 리 없습니다. 그러니 고도로 복잡한 유기체의 경우라면 두말할 필요도 없겠지요.

예측 불가능성을 포함하여 고체, 액체, 기체가 되는 것과 같은 속성들을 우리는 창발적 속성이라고 합니다. 분명, '살아있는 것' 또는 '생존하는 것' 역시 그러한 속성일 것입니다. 여기에 관해서 분명하게 이해하기가 어렵다면, 각 상태(단계)의 물을 떠올려 보십시오…[KSR, p.20.]

포퍼는 생명체의 존재가 창발적인 것처럼 인간의 의식도 그러하다고 설명한다. 의식의 창발을 통해서 제3세계가 구축되게 되는 것이다. 포퍼는 제3세계의 탄생에 있어 인간의 언어가 가장 큰 공헌을 하고 있다고 말하는데, 인간 언어의 기능과 이를 통한 문명의 발전을 다음과 같이 설명하고 있다.

…내가 볼 때, 삶과 의식이 이룩한 가장 위대한 발생적 진전은 인간의 언어human language를 창안해낸 것이었습니다. 바로 이것이 인류mankind를 만들어냈다고 할 수 있지요.

인간의 언어는 단순히 ① 자기표현self-expression이나 ② 신호보내기signaling가 아닙니다. 그런 것은 동물도 할 수 있지요. 그렇다고 해서 언어가 단순히 상징에 불과한 것도 아닙니다. 이러한 상징과 의례儀禮, ritual 역시 동물의 세계에서 발견할 수 있는 것들입니다. 우리가 이뤄낸 상상을 초월하는 의식의 발전은 ③ 기술적 언어descriptive statements의 창안으로부터 비롯되었습니다. 이는 칼 뷜러(Karl Bühler, 1879-1963)

가 제시한 언어의 기능 중 설명의 기능representative function에 해당하는 것이지요. 우리는 객관적 사태에 대한 진술을 할 수 있고, 그 진술은 사실과의 부합여부에 따라 참일 수도 있고 거짓이 될 수 있습니다. 이전까지 인간의 언어에서는 이러한 기능을 찾아볼 수 없었습니다.

이것이 바로 인간의 언어가 동물의 언어와는 다른 점입니다. 혹자는 벌들의 언어에 대해서 말하며 그들도 의사소통을 하고 있다고 주장할지 모릅니다. 그가 벌의 신호를 제대로 이해한다면 말이죠. 신호를 잘못 이해하는 것은 동물들 사이에도 발견됩니다. 예를 들어 나비의 날개가 눈eyes처럼 보이기도 합니다. 그러나 인간만이 비판적 논증의 방식을 통해 우리의 이론이 객관적 진리에 부합하는가를 검토check하는 절차를 밟습니다. 이것이 언어의 네 번째 기능인 ④ 논증적 기능argumentive function입니다.

인간의 기술적 언어, 또는 뷜러가 이야기하는 설명적 언어는 진일보한 가능성, 즉 진일보한 창안을 가능하게 해주었습니다. 비판을 만들어냈지요. 비판이란 의식적인 선택, 즉 자연선택이 아닌 의식적 선별을 통해 이론을 골라내는 것을 의미합니다. 그래서 유물론이 자신의 스스로를 초월해버린 것처럼, 자연선택도 그렇게 되었다고 볼 수 있습니다. 이러한 의식적 선택은 참이나 거짓인 진술을 포함하는 언어의 발전으로 이어졌습니다. 그리고 이렇게 창안된 비판이 등장하면서, 선택의 새로운 장phase이 열렸지요. 자연선택은 확장되었고, 일부는 문화적 선택이라 할 수 있는 비판에 잠식당했습니다. 문화적 선택으로 인해 우리는 의식적이고 비판적으로 오류를 바라보게 됩니다. 의식적으로 오류를 발견하여 이를 근절하는 할 수 있게 되었고, 의식적으로 이론에 대한 우열을 판단하게 된 것이지요. 나는 이것이야말로 결정적인 점이라고 생각합니다. 이로부터 내가 '지식'으로 명명한 인간의 지식이 탄생한 것입니다. 합리적 비판, 즉 진리를 추구하는데 기여하는 비판 없이는 지식이 존재할 수 없습니다. 그렇게 본다면 동물에게는 지식이 없는 셈이지요. 물론 개가 주인을 알아보듯이, 동물들도 모든 것을 알 수는 있습니다. 그러나 우리가 지식이라고 부르는, 그리고 가장 중요한 유형의 지식인 과학적 지식은 합리적 비판에 의지하고 있습니다. 때문에 참이나 거짓 진술이 창안된 것은 결정적인 진일보를 이룩한 것입니다. 그리고 이것이 내가 제3세계라 부르는 인간의 문화를 구축하는 토대가 되었지요…[KSR, pp.20-22.]

여기까지의 설명을 읽고 혹자는 제1세계와 제3세계의 중첩성을 눈치 챘을 수도 있다. 앞서 언급한 책의 예를 다시 언급하자면, 언어적 진술로 채워진 책은 물리적인 객체인 동시에 인간의 생각이 만들어낸 내용을 포함하고 있기 때문에 제1세계와 제3세계의 내용을 동시에 담고있다. 사실 바로 이와 같은 연계가 포퍼가 설명하는 지식을 통한 실재의 형성인 것이다. 그는 제1세계와 제3세계의 중첩성과 각 세계의 상호작용에 대해 다양한 예를 들어 설명하고 있다.

> …제3세계와 제1세계는 중첩됩니다. 예를 들자면, 제3세계는 책을 포함하는데, 책은 인간의 언어로 이루어진 진술로 채워져 있습니다. 책은 물리적 객체이며, 이러한 사물들과 사건은 제1세계에서 존재하는 것들입니다. 책을 구성하고 있는 언어는 신경구조에서 기인한 속성들로 구성되기 때문에 물질적인 것이라 할 수 있습니다. 또한 언어는 기억의 요소들로 구성되는데 여기에는 기억의 흔적이나 예측, 학습되거나 발견한 행동들이 해당하지요. 지금 여러분은 지금 제 강의를 들을 수 있는 것은 음향 때문인데, 내가 만들어내는 이 소리도 제1세계의 한 부분입니다.
>
> 이제부터 나는, 내가 만들어내는 이 소리가 순수하게 음향적인 것만은 아님을 보여 드리겠습니다. 엄밀히 말하자면 이는 제1세계의 범주를 넘어서며, 내가 명명한 제3세계라는 용어에 해당합니다. 지금까지는 거의 주목받지 못한 내용이지요. 나는 제3세계에서 가장 중요한 부분인 비물질적 요소, 다른 말로 제3세계의 비물질적 양상을 설명하고자 합니다. 제3세계의 독자적인 측면autonomous aspect이라고도 불리는데, 이는 제1, 2세계를 초월하는 내용입니다. 동시에 나는, 제3세계의 비물질적인 측면이 우리의 의식에만 작용하는 것이 아니라 제1, 2세계로부터 유리遊離되더라도 실재하는 것임을 이야기하고 싶습니다. 제3세계의 비물질적, 그리고 비의식적인non-conscious 측면이 우리의 의식에 영향을 미치며, 우리의 의식을 통하여 물리적 세계인 제1세계에도 영향을 미친다는 점을 보여주고 싶습니다.
>
> 이를 위해서, 나는 이들 사이의 상호작용, 즉 세 가지 세계 사이에서 나선형으로 이어지는 환류작용과 이를 통한 후속적인 상호보완mutual reinforcement에 관해 논의하겠습니다. 그리고 여기에 비물질적인

것이 존재한다는 것, 다시 말해 우리의 진술과 논증 속에 내용이 담겨 있다는 것을 보여주고 싶습니다. 이는 소리나 글자로 이루어진 물리적 형성물과는 대비되는 것입니다. 우리가 정말 인간의 방식으로 언어를 논한다면, 우리의 관심사는 언제나 그 내용과 주제에 달려 있지요. 제3세계에 속하는 것은 책에 담겨 있는 내용이지 물리적인 형식이 아닙니다.

　　내용의 중요성에 대해서 분명하게 보여주는 아주 간단한 사례를 소개하겠습니다. 인간의 언어가 발달하면서, '하나', '둘', '셋'과 같은 숫자가 나타났습니다. 어떤 언어는 '하나', '둘', '셋'과 '다수多數, many'라는 단어만 사용하기도 하고, 어떤 언어에서는 '하나'부터 시작하여 '이십'까지 이어지고 '다수'라는 말을 씁니다. 흔히 우리가 사용하는 말(독일어, 영어)처럼 계속해서 숫자를 셀 수 있는 방법을 고안한 언어도 있지요. 이 방법은 본질적으로 유한성을 갖지 않는데, 모든 숫자 뒤에 다른 숫자를 계속 이어붙일 수 있는 원리입니다. 계속 숫자를 더하여 끝도 없이 이어지는 수열을 구축하는 이 방식은 오직 언어적 창안invention of language을 통해서만 가능한 위대한 고안물입니다. 이처럼 수열을 구축하는 지침은 언어적으로, 또는 컴퓨터 프로그램을 통해 형성되어 구체적으로 기술될 수 있습니다. 그러나 현재 우리가 잠정적으로나마 자연수열이 무한히 계속될 수 있다고 생각하는 것은 전적으로 추상적입니다. 왜냐하면 그러한 무한 수열은 제1세계나 제2세계에 있는 구체적인 용어로 표현해 낼 수 없기 때문이죠. 따라서 자연수가 무한하게 이어지는 것은 '순수하게 관념화된 것'이라고 할 수 있습니다. 결국 이 같은 사고는 오직 제3세계의 추상적인 부분에만 해당하는 것으로, 순전히 제3세계의 산물이라고 할 수 있습니다. 이는 숫자나 컴퓨터 프로그램을 통해 구체적이고 물리적으로 나타낼 수 없을뿐더러, 사고 속에서도 구체적인 용어로 표현해 낼 수 없이 제3세계 속에 갇혀 있는 요소들inmate로 구성되어 있기 때문입니다. 자연수열이 갖는 잠재적 무한성은 창안이 아니라 발견에 가깝다고 말하는 사람이 있을 수도 있지요. 우리가 그 가능성을 발견해 냈고, 그럼으로써 우리는 수열이 갖게 된 의도하지 않았던 속성을 창안해낸 것입니다…[KSR, pp.22-23.]

　　마지막에 그가 예로 제시한 수數, number와 관련된 문제들은 사실 각 세계의 연계 및 상호작용을 가장 잘 보여주는 예이다. 순수하게 추상적인 세계에 속하는 사유적 문제들, 그리고 이러한 추상적인 문제를 제1세계로 이끄는 인과적 고리에서 의식, 곧 제2세계가 중요한 역할을 담당하게 되는 것이다.

…같은 방식으로 우리는 '짝수와 홀수', '합성수와 소수素數'와 같은 수의 속성들을 발견해 냅니다. 그리고 우리는 유클리드(Euclid, BC330-BC275)의 문제와 같은 수학 문제들을 발견합니다. 예를 들면, "소수의 연속은 무한한가 아니면 (숫자가 커질수록 소수가 나타나는 빈도가 크게 줄어든다는 사실에서 짐작할 수 있듯이) 유한한가?"와 같은 문제가 있을 수 있지요. 이 같은 문제는 숨겨져 있다고 말할 수 있습니다. 우리가 숫자체계를 고안해 냈을 때, 우리가 의식하지 못했다기보다는 단순히 거기 없었다고도 할 수 있겠지요. 아니면 그러한 문제가 존재하고 있었다고 할 수 있을까요? 만약 그렇다면, 그것은 아마 관념화된, 수수하게 추상화된 의미로 존재했다고 할 수 있습니다. 그렇다면 이는 아무도 그 문제를 의식하지 못했고, 그것이 누군가의 무의식 속에 숨겨져 있지도 않았으며, 그 어떤 물리적 자취도 남기지 않았다 할지라도, 그 문제는 이미 우리가 구축한 수 체계 속에 숨겨져 있었다고 할 수 있을 것입니다. 이에 관한 책도 쓰이지 않았기 때문에, 물리적으로는 존재하지 않았다고 할 수 있지요. 또한 그것은 제2세계가 인식되기 전까지는 존재하지 않았습니다. 그러나 이는 아직 발견되지 않았지만, 발견될 수 있는 문제였습니다. 이것이 오직 제3세계의 추상적인 영역에만 해당하는 문제의 전형입니다. 우연히도 유클리드는 이러한 문제를 발견해냈을 뿐 아니라, 해를 구해냈습니다. 그가 모든 소수 다음에는 항상 또 다른 소수가 존재한다는 명제를 증명해낸 이후로 우리는 소수는 연속된 무한수열을 갖는다는 결론을 내릴 수 있게 되었습니다. 이 명제는 분명하게 하나의 현상을 기술하고 있지만, 부분적으로는 순수하게 추상적입니다. 그 역시 제3세계의 순수하게 추상적인 영역에 갇혀 있기 때문이지요.

소수와 관련하여 아직 풀지 못한 문제들도 아직 많이 남아 있습니다. 예를 들어 '2보다 큰 모든 짝수들은 두 개의 소수의 합으로 나타낼 수 있는가?'라는 골드바흐(Christian Goldbach, 1690-1764)의 추측과 같은 문제가 있지요. 이런 문제들에 대해서는 긍정적이거나 부정적인 해답을 내놓을 수 있으며, 혹은 아예 해답이 없을 수도 있습니다. 또한 해답이 없다는 사실에 대한 증거를 제시하거나 그렇지 못할 수도 있을 것입니다. 이 때문에 새로운 문제가 제기됩니다.

이러한 문제들은 영향력을 가진다는 점에서 실재의 문제입니다. 무엇보다도 인간의 사고에 큰 영향을 미치지요. 사람들은 문제와 마주하거나 문제를 발견할 수 있으며, 그 문제를 풀어보려 합니다. 문제를 파악하고 이를 풀려고 하는 것은 의식적인 활동, 즉 인간의 사고에 의한 행위로 여겨집니다. 그리고 이와 같은 행동은 분명 문제에 의해서, 즉 문제가 존재함으로써 발생한 것입니다. 문제의 해답을 밝히는 것은 서적을 발간하는 것으로 이어질 수 있습니다. 그리하여 추상적인 제3세계의 문제가 (제2세계를 거쳐) 무거운 인쇄기를 움직이도록 하는 것입니다. 유클리드는 소수에 관한 문제의 해를 기록으로 남겼습니다. 이 물리적 행동은 다양한 결과를 낳았지요. 유클리드의 증명은 물리적 대상인 교과서를 통해 재생산되었습니다. 이것이 제1세계에서 일어나고 있는 일들입니다.

물론 추상적인 문제를 제1세계로 이끄는 인과적 고리에서 의식, 곧 제2세계는 주요 역할을 담당합니다. 내가 이해한 바로는, 제3세계의 실재적이고 특수한 한 부분이자 비 물리적인 내용을 담고 있는 추상적 세계는 절대로 제1세계에 직접적인 영향을 주지 못합니다. 설사 컴퓨터의 도움을 받더라도 말이죠. 두 세계 사이의 연계는 언제나 제2세계의 의식에 의해 만들어집니다. 아마 언젠가는 이 사실도 달라질 수 있겠지만요. 어쨌든 나는 제3세계와의 상호작용 속에서 의식consciousness을 지칭할 때에는 '생각mind'이라는 단어를 사용하도록 하겠습니다.

나는 제3세계의 영역에 대한 사고의 매개역할, 즉 이미 결정된 방식fashion을 받아들이는 것이 우리의 의식적·무의식적 삶에 영향을 주고, 우리의 삶을 형성한다고 생각합니다. 제2세계와 제3세계의 상호작용이야 말로 인간의 의식과 동물의 의식이 서로 다르다는 것을 이해할 수 있게 하는 핵심인 것이지요…[KSR, pp.23-25.]

정리하자면, 제3세계, 그중에서도 특히 인간의 언어로 창조된 부분은 우리의 의식, 생각의 산물이며 인간의 언어와 마찬가지로 그것은 우리의 창안물invention이다. 그러나 제3세계의 창안물은 어디까지나 실체와는 유리된 공간에 존재하기 때문에 추상적이지만 자율적이고 실재적인 영향력을 갖게 된다. 이러한 제3세계의 속성에 대해 좀 더 알아보자.

> ···그러나 이 제3세계의 창안물은 우리의 외부에 존재하는 것들로, 우리의 몸 바깥에 즉, 신체 외부에 위치하지요. 그리고 우리가 창안해낸 다른 모든 것들처럼 타각적他覺的, objective이며 스스로 문제를 창출합니다. 비록 이 문제들이 독자적인 성격을 지닐지라도 우리 생활과 밀접한 관련을 맺고 있습니다. 불을 제어하는 방법이나 자동차의 발명을 생각해보십시오. 이러한 문제들은 의도한 것도 아니며 예상하지도 못한 것입니다. 이것이 바로 의도하지 않은 행동에 대한 결과의 전형典型이라 할 수 있는데, 이 결과는 다시 우리에게 영향을 주게 됩니다.
> 이것이 객관적이며 추상적이고 자율적이지만 실재적이고 영향력 있는 제3세계가 실체being가 되는 방식입니다.
> 전형적이지는 않지만, 그래도 우리의 이목을 끄는 일례가 바로 수학입니다. 이는 분명히 인간이 만들어낸 작품work이자 창안물이죠. 수학은 거의 전부가 확실히 객관적이지만 동시에 추상적이기도 합니다. 수학은 우리가 고안했다기보다는 발견했다고 할 수 있는 문제들과 해답으로 이루어진 세계 전체를 의미하기 때문입니다···
> [KSR, p.25.]

3. 실재의 형성과정

실재를 형성한다는 것은 결국 제1, 2, 3세계 사이의 상호작용이라고 볼 수 있다. 포퍼가 설명한 대로 이 상호작용은 다수의 환류작용feedback mechanism을 포함하고 있는데, 그 과정에서 우리는 시행과 착오trial and error의 방법을 운용하게 된다. 우리가 살고 있는 현실은 각 세계 사이의 끊임없는 상호작용을 통해 점점 수렴되는 나선형spiral 환류작용의 결과인 것이다.

···인간의 생각, 꿈과 목표를 지닌 우리는 연구과정을 창안하고 생산물을 만들어내지만, 동시에 그 작업에 의해 우리가 형성되기도 합니다. 사실 이처럼 우리가 창조적 활동을 해나가고, 그와 동시에 그 작업이 우리를 변화시킨다는 것이야말로 인류가 지닌 창의성의 일면이라 할 수 있습니다. 그러므로 실재를 형성한다는 것은 결국 우리의 활동 자체를 의미합니다. 이는 세 가지 차원의 세계를 모두 이해하려는 노력 없이는 이해할 수 없는 과정이며, 세 차원의 세계가 서로 상호작용하는 방식을 이해하고자 골몰해야 비로소 알 수 있습니다.

나선형의 상호작용이나 환류작용은 우리의 꿈dreams과 이론의 발전에 영향을 받습니다. 레오나르도 다빈치(Leonardo da Vinci, 1452-1519)가 새를 형상화하고 창조, 발명한 것을 예를 들어봅시다. 오늘날 우리는 모두 이것을 비행기라고 알고 있지요. 중요한 것은 하늘을 날고 싶다는 꿈이 비행을 가능하게 했다는 점입니다. 그것은 마르크스(Karl Heinrich Marx, 1818-1883)나 엥겔스(Friedrich Engels, 1820-1895)의 유물론에서 이야기하는 것처럼 돈을 벌고자 하는 목적이 아니었습니다. 오토 릴리엔탈(Otto Lilienthal, 1848-1896)과 라이트 형제(Wright brothers, Orville, 1871-1948, Wilbur, 1867-1912)를 비롯한 많은 사람들이 하늘을 날고 싶어 했으며 의식적으로 그 꿈을 좇아 자신들의 목숨마저 내걸었습니다. 그들을 고무鼓舞한 것은 금전적 기대가 아니라 새로운 자유, 곧 인간의 생태적 영역을 확장하고자 하는 열망이었습니다. 오토 릴리엔탈이 결국 자신의 목숨을 잃었던 것도 더 나은 세상을 추구하는 과정에서 일어난 일이었지요.

제2세계의 날고 싶은 꿈을 현실로 만들고자 할 때, 제3세계는 실재를 형성하는 이 과정에 결정적인 역할을 하게 됩니다. 계획plan과 기술description, 가정hypothesis과 시도trials, 그리고 예상치 못한 사건accident과 교정correction이 결정적 요소라 할 수 있습니다. 한마디로 정리하자면 시행을 통해 오류를 제거하는 방법이지요.

이것이 나선형 환류작용입니다. 이 과정에서 연구자들과 발명가들이 만들어낸 제2세계 역시 중요한 역할을 합니다. 그러나 그보다 더 중요한 것은 속속 등장하는 문제들problems이며, 줄기찬 환류작용을 통해 제2세계에 영향을 주는 제3세계가 제일 중요합니다. 우리가 품었던 꿈은 언젠가 실재가 될 때까지, 끊임없이 제3세계를 통해 교정됩니다.

비관론자들은 독일의 글라이더 비행사였던 오토 릴리엔탈과 다빈치와 같이 새와 같은 방식으로 비행하고자 하는 꿈을 꾸었다고 지적했었습니다. 그들이 오늘날의 대형 비행기(에어버스)를 본다면 등골이 서늘해질 겁니다.

그들의 공통된 지적은, 우리의 발상이 결코 우리가 상상했던 것과 똑같이 [현실로] 이루어지지 않는다는 선에서 옳다고 할 수 있습니다. 그렇기는 하지만 비관론자들의 말은 틀렸습니다. 오늘날 누군가가 다빈치와 릴리엔탈이 원했던 똑같은 방식으로 하늘을 날고 싶다면 글라이딩 클럽에 가입하면 그만입니다. 용기를 낸다면 그리 어려운 일도 아니지요. 글라이더와는 전혀 다른 방식이지만, 에어버스나 보잉747기를 이용하는 사람들은 이 같은 비행방식을 선호하는 것입니다. 글라이더나 기차, 배, 혹은 다른 육상교통수단에 비해 비행기를 선호하는 나름의 이유가 있겠지요. 비좁고 답답하지만, 대형 비행기를 타고 하늘을 날며 많은 사람들은 새로운 가능성과 새롭고 가치 있는 자유를 수도 없이 창출해냈습니다…[KSR, pp.26-27.]

물론 상상(꿈)이 한 치의 차이도 없이 현실로 재현되는 건 아니다. 대형 비행기는 다빈치와 릴리엔탈이 품었던 꿈의 소산이지만, 사실 예상하지 않았던 형태의 결과이기도 하다. 포퍼는 바로 이런 예측할 수 없는 결과 때문에 인간은 늘 겸허한 자세를 가져야 하며, 자칫 지나친 이상과 신념을 따르고 이를 강요하는 일은 없어야 한다고 충고한다.

…우리는 자신의 언어와 과학적 지식, 기술technology을 이용하여 우리의 꿈과 소망, 우리의 창안이 미래에 어떤 모습으로 실현될지 예상해 볼 수 있습니다. 물론 식물이나 동물보다야 낫겠지만 그다지 큰 차이는 없을 겁니다. 우리의 행동에 대한 예측할 수 없는 결과에 대해 우리가 얼마나 무지한가를 깨닫는 것은 대단히 중요합니다. 결국 시행과 착오를 겪는 것이 최선의 방안입니다. 그러나 흔히 무언가를 시행한다는 것은 위험하며, 오류는 더욱 위험해서 인류를 위협하기도 합니다.

특히 정치적 유토피아에 대한 신념은 위험합니다. 이는 우리가 주어진 환경을 탐구하는 것처럼, 제 생각이 옳다면 생명체가 지닌 가장 유구하고 중요한 본능인 더 나은 세상의 추구와도 연관되어 있을 겁니다. 우리는 더 좋은 세상에 공헌 할 수 있다고 믿으며, 그 렇게 해야만 한다고 생각해야 합니다. 그러나 우리의 계획과 행동에 대한 결과를 예상할 수 있다는 생각은 절대 갖지 마십시오. 무엇보다 절대로 인명을 희생해서는 안 됩니다. 최악의 경우 [대의를 위해] 스스로를 희생하는 것을 제외하고 말이지요. 또한 그 누구도 자신을 위해 타인의 희생을 종용(慫慂)할 권리를 가지고 있지 않습니다. 우리의 무지로 인해 비이성적으로 혹하게 된 어떠한 발상이나 이론을 위해서라도 이 같은 일은 결코 일어나서는 안 됩니다…
[KSR, pp.27-28.]

마지막으로 그는 자연선택의 긍정적인 관점이 지식사회에서도 동일하게 적용될 수 있음을 피력한다. 의식적인 사고와 시행과 오류수정을 통한 수렴적 환류작용이 이루어지고 있는 현실에서 보다 생산적이고 비폭력적인 지식사회를 만들어낼 수 있다는 것이다. 포퍼는 그가 그의 동료인 존 에클스 경(Sir. John Eccles, 1903-1997)과 함께 작업한 『자아와 두뇌The Self and its Brain』의 말미에 기고한 내용을 끝으로 강의를 마치고 있다.

　　…앞서 설명했듯이 다윈의 선택, 즉 자연선택과 도태압력에 관한 발상은 일반적으로 생존을 위한 피비린내 나는 투쟁을 연상시킵니다. 일각에서는 이 사상을 진지하게 받아들였지요.
　　그러나 인간의 의식과 생각의 개념이 등장하고 여기에 관한 언어로 작성된 이론들linguistically formulated theories이 출간되면서 모든 것이 달라졌습니다. 쓸모없는 이론을 골라내기 위한 이론들 사이의 경쟁에 다윈의 선택이론을 적용해 볼 수 있습니다. 과거에는 이론의 지지자들을 숙청(肅淸)했습니다. 하지만 오늘날에는 이론이 그 자리에서 도태되도록 놔둡니다. 생물학적 관점, 즉 자연선택적인 입장에서 본다면 생각과 제3세계의 주된 기능은 의식적인 비판을 가능하게 하는 것입니다. 때문에 반대편에 서 있는 사람들을 처단하지 않고도 이론을 선택할 수 있게 되는 것이지요. 이처럼 합리적인 비판을 비폭력적으로 사용하는 것은 언어의 발명과 이어진 제3세계의 창조라는 생물학적 발전을 통해 가능해졌습니다. 그리하여 자연선택은 초기의 잔인성을 확실하게 극복·초월하게 됩니다. 제3세계의 등장으로 우리는, 폭력성을 배제하면서도 최적의 이론을 선별하고 이를 가장 적절하게 적용할 수 있게 되었거든요. 이제 우리는 거짓이론들을 비폭력적인 비판을 통해 제거할 수 있습니다. 물론 비폭력적인 비판은 아주 드물게 사용되곤 합니다. 대게 비판이란 그것이 비록 서면을 통한 논쟁일지라도 여전히 어느 정도의 폭력성semi-violent을 띄고 있습니다. 하지만 폭력적인 비판은 이미 그 생물학적 존재이유를 상실했으며, 오히려 이에 반反하는 이유만 남아 있지요.

이러한 연유로 최근 다소 폭력적인 비판이 두드러지는 것은 이성의 발전과정에서 나타나는 일시적인 단계일 수 있습니다. 제3세계의 출현은 비폭력적인 문화로의 진보가 유토피아적 망상이 아님을 의미합니다. 이는 제3세계가 자연선택을 통해 배출한 생물학적인 결과이자 전적으로 실현가능한 일입니다.

우리의 사회적 환경을 평화적이며 비폭력적으로 형성하고자 하는 것이 한낱 꿈에 지나지는 않을 겁니다. 그것은 실현가능한 것이며, 생물학적 관점에서 볼 때 분명하게 필요한 인류의 목표인 것입니다…[KSR, pp.28-29.]

이상으로 실재를 구성하고 있는 제1세계, 제2세계, 제3세계의 정의와 각 세계의 상호작용을 통해 실재가 구축되는 과정을 살펴보았다.

과거 상상 속에서만 가능했던 일들이 현실로 나타내고 있는 지금, 실재의 형성에 대한 포퍼의 이러한 견해는 더욱 의미 있게 다가온다. 그러나 수 십년 전 한 노학자가 꿈꾸던 비폭력적이고 이성적인 지식사회를 현실로 만들어내는 과제는 여전히 이 시대 지성인들의 몫으로 남아 있다. 생각하는 인간이 만들어낸 세상, 꿈을 현실로 이루어낸 짜릿한 쾌거가 지식사회에서도 이어져야 할 것이다.

참고문헌

줄리앙 방디. 노시경 역. 1979. 『지식인의 반역』. 서울: 백세.

칼 포퍼. 박중서 역. 2008. 『끝없는 탐구: 내 삶의 지적 연대기』. 서울: 갈라파고스.

토머스 맬서스. 2001. 『인구론』. 서울: 박영사.

Forster, E. M. 1962. *Two Cheers for Democracy*. New York: Mariner Books.

Kroll, A. A. 2009. "Tennyson and the Metaphysics of Material Culture: The Early Poetry," *Victorian Poetry* 47:3, 461-480.

Nanay, B. 2011. "Popper's Darwinian Analogy," *Perspectives on Science* 19:3, 337-354.

II 부

과학적 창조성 – 발견과 탐구

제5장 우연이 주는 창의성[1]

김윤환

　과학은 보통 여러 가지 과학적 발견으로 이루어져 있다고 여겨진다. 하얀 가운으로 상징되는 전문가들이, 일반인들은 알기 어려운 전문적인 작업을 통해, 기존에 존재하지 않았던 새로운 무언가를 세상에 내놓는 것이 과학에 대한 이미지일 것이다. 따라서 과학은 고도로 창의적인 작업으로 간주되고, 과학적 발견은 과학이 갖는 창의성의 징표처럼 여겨진다. 한편 그 과정에서 '과학적 방법'이 중요한 역할을 한다. 훌륭한 과학자란 정해진 과학적 방법을 잘 구사할 수 있는 사람이며, 그런 과학자들이 주로 과학적 발견을 이룩해낸다. 즉 정해진 과학적 방법에 따라 충실히 연구를 수행하는 것이 곧 과학적 발견으로 이어지고, 그것이 바로 과학이 갖는 창의성의 원천인 것으로 간주된다.

　하지만 모든 과학적 발견이 반드시 정교한 과학적 방법을 통해서만 성취되는 것은 아니다. 우리에게 잘 알려진 대로, 중력의 법칙은

---

1) Slowiczek, F. & Peters, P. M.(Retrieved in 2011). *"Discovery, chance and the scientific method"*. Retrieved from http://www.accessexcellence.org/AF/AFC/CC/chance.php(검색일: 2011. 01. 13). 위 자료는 인터넷상의 자료로서, 작성년도가 명기되어 있지 않으며 페이지 구분이 분명히 나눠져 있지 않다. 따라서 이후 자료를 언급함에 있어서도 작성년도와 페이지를 생략함을 일러둔다. 이하 DCSM으로 표기함.

우연히 뉴턴의 어깨에 떨어진 사과를 계기로 발견되었고, 아메리카 대륙은 인도를 찾아 나섰던 콜럼버스에 의해 우연히 발견되었다. 그렇다면, 과학적 발견이 우연히 이루어지는 경우도 있다는 얘기이다. 이와 관련하여, 프란 슬로뷔첵(Fran Slowiczek)과 파멜라 피터스(Pamela M. Peters)는 과연 우리가 이렇게 우연히 이루어지는 과학적 발견을 어떻게 바라봐야 할지에 대해 이야기하고 있다.

1. 과학적 방법, 과학자들의 자부심, 그리고 우연

많은 과학적 발견이 과학자들의 피땀어린 노력으로 이루어진다는 것에는 의문의 여지가 없다. 그들의 노력이란 주로 과학계가 오랜 기간 쌓아온 과학적 방법을 충실히 수행하는 것을 가리킨다. 따라서 과학자들이 스스로의 노력과 자신들이 따르는 과학적 방법, 그리고 그에 따른 과학적 성취들에 큰 자부심을 느끼는 것은 당연한 일이다.

> …대개 과학자들은 여러 외부 요인들의 영향이 통제된 상황을 만들고, 그 속에서 실험을 진행하여 중요한 발견들을 이룩해낸다. …… 일반적으로 과학적 방법의 특징을 이야기할 때, 체계화된 연구 절차를 질서정연하게 따른다는 것과, 연구결과에 영향을 미칠 수 있는 각종 요인들을 통제한다는 것을 주로 언급한다. …… 과학자들은 과학자 자신과 자신들이 만들어낸 이론이 질서정연한 연구 활동과 과학적인 연구방법에 기반한다고 주장하며 자부심을 갖는다…[DCSM]

따라서 그러한 과학자들의 자부심 속에 우연이 차지할 자리가 없는 것 역시 당연한 일이다. 하지만 슬로뷔첵과 피터스는 우리에게 잘 알려져 있는 사례를 통해 이미 우연이 과학 속에 자리잡아온 경우도 있다는 것을 상기시킨다. 그것은 바로 페니실린의 발견이다.

…1945년 노벨 생리의학상은 훗날 뛰어난 항생제가 된 페니실린을 발견하고 분리해내는데 성공한 세 사람, 즉 알렉산더 플레밍(Alexander Fleming, 1881-1955), 언스트 체인(Ernst Chain, 1906-1979) 그리고 하워드 플로리(Howard Florey, 1898-1968)에게 돌아간 바 있다. 페니실린의 발견은 분명 이 세 사람의 과학자가 기울인 노력의 결과일 뿐 아니라, 나아가 앞서 많은 과학자들이 이루어놓은 업적에 기반한 연구 성과이다. 그럼에도 불구하고 대부분의 교과서에는 1928년 플레밍 혼자서, 그것도 우연한 관찰을 통해 페니실린을 발견했다는 내용이 주로 실려 있다. 이렇게 교과서에 실릴 정도로 과학자들로부터 우연한 사건으로 인정받는 경우는 매우 드물다…[DCSM]

이처럼 정해진 절차를 엄격하게 따르는 과학적 방법과 우연이 공존하고 있다는 것이 슬로뷔첵과 피터스의 의문의 출발점이다. 어떻게 과학적 발견을 이뤄가는 과정에 우연이 끼어들 수 있단 말인가? 이 질문에 대한 답을 찾기 위해 먼저 그들은 우연의 종류를 나눈다. 즉 우연이라도 다 같은 우연이 아니라는 얘기이다.

…질서정연하지 않고 통제되지 않은 실험이 타당한 결과를 내놓기 어렵다는 말을 우리는 수없이 들어 잘 알고 있다. 그런데 이와 같은 논리를 따르자면, 과학적 방법에 따른 연구과정에서 우연이 차지하는 역할은 매우 작거나 전혀 없어야 한다. 이런 모순을 해결하려면 우연이 정확히 무엇을 가리키는 것인지를 먼저 밝혀야 한다. 우연은 마치 사고처럼 말 그대로 우연히, 전혀 예측을 불허하며 일어나는 사건인가, 아니면 어느 정도 예측할 수 있는 범위 내에 존재하는 사건들 가운데 하나가 예고 없이 일어나는 것인가?…[DCSM]

2. 우연의 종류와 과학자의 마음

슬로뷔첵과 피터스가 구분한 두 가지 종류의 우연 가운데, 보통 전자를 chance, 후자를 serendipity라 구분하여 부른다. 즉 정말로 생각지도 못했던 일이 갑자기 벌어지는, 말 그대로의 순전한 우연이 chance이다. 그에 비해 '대략 어느 시점, 어느 장소에서는 어떠어떠한 종류의 사건들이 일어날 수 있겠다'는 예상이 가능한 우연도 있다. 정확히 언제 어디서 무엇이 일어날 것인지를 사전에 알 수는 없지만, 예상 가능한 범위 내에 있었던 사건이 일어나는 우연이 바로 serendipity인 것이다. 예를 들어 어떤 건물이 무너졌다고 했을 때, 천재지변이나 전쟁 등 통상적인 기준으로는 도저히 생각할 수 없는 이유로 건물이 무너질 수도 있다. 반면 건물이 노후하여 안전진단을 통해 지속적으로 위험성을 경고했음에도 불구하고, 소위 '안전불감증'으로 인해 대비를 소홀히 하다가 건물이 무너질 수도 있다. 이 경우, 정확히 언제 무너질지는 알 수 없지만 '저렇게 대비를 하지 않다가는 언젠가 큰 사고가 날 거야'라는 식의 예상이 가능하다. 이 경우가 serendipity에 해당하는 것이다.

그렇다면, chance와 serendipity는 원래 구분되어 있는 것인가? 다시 말해 어떤 사건은 본래부터 chance이거나 또는 serendipity여서 절대로 달라질 수 없는 것인가? 이에 대한 슬로뷔첵과 피터스의 대답은 '그렇지 않다'이다. 어떤 사건이 발생했을 때, 그 이전에 과학자가 어떤 마음을 가지고 있었느냐에 따라 chance가 되기도 하고 serendipity가 되기도 한다는 것이 그들의 주장이다.

···우연한 관찰이나 발견이 의미를 갖기 위해서는, 관찰자가 사전에 마음속에 가지고 있던 어떤 사고의 틀과 들어맞아야 한다. 마치 하나의 단어를 그 단어가 사용되는 맥락으로부터 떼어내어 버리면 별다른 의미를 갖지 못하게 되는 것처럼, 새로운 관찰이나 발견은 적절한 맥락 속에 놓이고 그러한 맥락과 잘 들어맞을 때에야 비로소 가장 큰 의미를 부여받게 된다. 달리 말하자면, 관찰자의 마음은 새로운 생각의 씨앗을 받아들일 만한 준비가 되어 있어야 한다. 마음의 준비가 되어 있지 않은 사람에게는 그러한 생각의 씨앗이 '우연'이라고 보이겠지만, 마음의 준비가 되어 있는 사람에게는 새로운 생각으로 도약하게 해주는 매혹적인 발판이 되는 것이다···[DCSM]

위에서 말한 건물이 무너지는 사례를 다시 얘기해보자. 앞에서는 천재지변이나 전쟁으로 인해 건물이 무너지는 것을 chance라 분류했다. 하지만 관찰자가 사전에 가지고 있는 사고의 틀에 따라 이것이 serendipity가 되기도 한다. 예를 들어, 집중 호우가 예상되는 시기에 건물의 지반에 영향을 줄 수 있는 공사를 무리하게 벌이다 폭우에 의해 건물이 무너졌다면 이는 chance라기보다는 serendipity에 가깝다. 또 국제정치적 상황 변화를 면밀히 주시하여 전쟁의 발발을 사전에 염두에 두고 있었다면, 전쟁에 의한 건물의 붕괴 역시 serendipity에 가깝다.

3. 우연에 대한 열린 마음이 과학적 창의성의 기반일 수도

이처럼 같은 사건을 마주했을 때에도 과학자의 마음이 어떠한가에 따라 다른 의미로 다가올 수 있다. 따라서 아무리 '과학적'인 방법을 강조하는 연구 행위를 한다고 하더라도, 그 과정에서 마주칠 수 있는 우연한 사건들을 위한 마음의 준비를 하고 있어야 한다. 슬로뷔첵과 피터스는 우연의 종류를 나누고 특정 종류의 우연이 다른 종류보다 더 우월하다거나, 마음의 준비가 없이 마주치는 우연을 폄하한다거나 하지는 않는다. 과학이 시대적 요구에 부응하기 위해서는 마음을 열고 보다 유연한 자세로 연구에 임해야 한다고 주장한다.

> …사실 위대한 과학적 발견은, 말 그대로 순전한 우연이든 아니면 예상 가능한 범위 안에 있던 사건 가운데 하나로서의 우연이든, 우연히 이루어질 때도 많다. …… 현대 사회는 인류가 직면한 핵심적인 문제들에 대한 해답을 제시하고 보다 풍요로운 시대를 열어 갈 것을 과학에게 요구하고 있다. 이러한 요구에 부응하기 위해서는 과학적 방법에 기반한 연구결과뿐 아니라 예상치 못했던, 우연한 사건들도 가볍게 여겨서는 안 된다…[DCSM]

정해진 절차를 엄격하게 따르는 과학적 방법이 많은 과학적 발견을 이룩했으며, 따라서 과학적 창의성의 원천이라는 사실에는 의심의 여지가 없다. 하지만 오직 그것만이 과학에서의 창의성을 담보해주는 것은 아니다. 오히려 우연을 바라볼 수 있는 여유로운 마음가짐이 과학적 창의성의 기반이 되기도 하는 것이다.

제6장 공동체적 창의성: 파이어라벤드의 견해[1]

김치호

흔히 "방법론적 무정부주의자"로 불리는 과학철학자 폴 파이어라벤드(Paul Karl Feyerabend, 1924-1994)는 인간의 삶의 영역과 분리된 이성을 통해 과학의 발전을 이룰 수 있다는 통념을 거부한다. 즉, 그는 저서 *Farewell to Reason*(1987)의 제4장 "창의성Creativity"을 통해 고대 그리스의 예술론 이래 제시된 창의성에 대한 관념을 논의하며, 자연과 분리된 이성에 대한 맹목적인 신념을 바탕으로 한 과학의 발전이라는 관념은 종교적 도그마에 가깝다고 비판하고 있다.

1. 모방으로서의 예술(인문학)과 과학, 창조적 기획으로서의 예술(인문학)과 과학

파이어라벤드는 고대 그리스로부터 르네상스까지 제시된 창의성

---

1) Feyerabend, P. 1987. "Creativity", in *Farewell to Reason*. London: Verso. pp.128-142. 이하 CRT로 표기함.

의 관념을 요약하면서 우선 천지창조에 대한 플라톤의 이야기로부터
논의를 시작한다.

> …플라톤(Plato, BC 427-347)은 그의 저서 *Timaeus*2)에서 '조물주
> 데미우르고스는 정확하고 구체적인 그의 계획대로 무질서하고 형
> 체가 없는 물질들을 가지고 세상을 건설한다'라고 말한다. 예술가
> 가 [재료들을 다듬어가면서 예술품을 만들어내듯]3), 데미우르고스
> 는 그의 계획대로 세상이 구성되도록 물질들을 '설득한다4)'. 데미
> 우르고스에게 있어서 [자신의] 계획과 [실제로] 만들어진 세상이
> 비슷할수록 세상은 더 잘 만들어진 것이다…[CRT, p.128.]

파이어라벤드는 자신의 계획에 맞게 세상을 건설하려는 데미우르
고스를 통해 고대 그리스 시대의 창의성에 대해 이야기한다. 즉, 플라
톤에게 있어서 창의성은 자신의 계획을 모방하는 것을 통해서 현실
을 만들어내는 것, 곧 재현해 내는 것이다. 계속해서 살펴보면,

> …호메로스(Homeros, BC 800경-750)의 시가에는 그 당시 일어나던
> 일이나 사건에 대한 전형적인 상황들을 서술하는 내용의 글이 실려
> 있다. 또한 장군들이 전쟁을 앞두고 휘하 부대에게 의례히 행하던
> 연설들도 실려 있다. 비슷한 상황이 생길 때 사람들은 그 글과 연설
> 들을 단어 하나하나 그대로 반복하였다. 호메로스 서사시의 작가들
> 은 기존과 똑같은 상황이 발생했을 때 새롭고 '독창적인' 표현을 사

---

2) [역주] 플라톤 지음. 박종현 · 김영균 공역. 2000. 『플라톤의 티마이오스』 서울: 서광사로 번역되어 있음.

3) 본문에서 [ ] 된 부분은 역자가 독자의 이해를 위해 첨부한 부분임.

4) [역주] '플라톤이 데미우르고스가 지성의 힘을 통하여 그에게 주어진 물질적인 것들을 질서 짓는 방식을 '설
득'으로 표현하는 까닭을 이해하기 위해서는 '데미우르고스'의 원뜻이 '장인'임을 유의할 필요가 있다. 모든
장인은 주어진 재료들을 갖고서 자신이 목표로 하는 것을 최선을 다해 만든다. 그러나 이때 유능한 장인은
그에게 주어진 재료들이 갖고 있는 성질과 힘을 이용할 뿐이지, 그것들의 성질에 반하는 것을 강제하지는
않는다. 설득은 강제와 다르기 때문에 장인의 작업은 설득에 비유할 수 있다. 따라서 데미우르고스가 그에게
주어져 있는 질료적인 것, 즉 필연을 강제하지 않고 설득한다 함은 필연이 그 고유한 힘과 성질을 갖고 있으
며, 이런 필연의 특성을 그가 자신의 목적을 위해 최대한 이용할 뿐이라는 것을 함축하지, 필연의 한계(제약)
까지 넘어설 수 있다는 것을 의미하지는 않는다.' 플라톤(2000), pp.131-132. 주석 281.

용하는 것에는 관심이 없었다. 그들은 그들이 맞닥뜨린 상황에 걸맞은 관례적인 표현을 찾아내고자 했으며, 후에 그런 상황에 처하게 될 때마다 그 관례적인 표현을 반복해서 사용하였다…[CRT, p.128.]

…예술이 여러 표현 수단들로(그리고 각 수단은 고유한 전형적인 도구들을 이용해서) 실재를 재현하거나 복제하거나 흉내 낸다는 발상은 **모방**mimesis[5])이라는 고대 그리스 이론의 핵심이었다. 플라톤은 그의 저서『국가』에서 그 이론을 일부 받아들이면서도 [한편으로는] 예술가들이 올바로 모방하지 않는 것을 비판하였다. 그는 예술가들이 물질적 대상의 원리이자 사건들의 원리인 이데아들을 모방하는 대신에, 그릇된 실체인 물질적 대상이나 사건들 그 자체를 모방하는 것을 비판하였으며, 또한 예술가들이 원근법처럼 재현기법을 기만하는 것이나 감정을 자아내려 하는 것을 비판했다. 플라톤은 '시(詩)를 사랑하는 사람들이 왜 시를 사랑하는지, 그리고 시가 우리를 즐겁게 할 뿐 아니라 질서정연한 정부를 구성하고, 인간이 삶을 살아가는데 있어서 이롭다는 것을 보여주도록' 촉구했다. 아리스토텔레스(Aristotle, BC 384-322)가 그 요청을 받아들였고, 자신의 웅대한 수작인『**시학**詩學』[6])에서 모방의 개념 틀을 사용해서 답변했다. 그는 역사학이 구체적인 역사적 사건들을 모방하는 것에 그치는 반면, 비극tragedy 역시 모방을 하지만 비극은 보다 근원적인 **구조**underlying structure[7])를 모방한다고 말한다. 따라서 '비극은 역사학보다 더 철학적이다(시학 9장)'. 아리스토텔레스에게 있어 비극은 이론이고, 역사는 단지 이야기일 뿐이다. 고대 그리스에서 일어났던 많은 일화들[8])을 통해 우리는 모방을 통해 실재를 재현한다는 관점이 단지 철학적 특성일 뿐 아니라 고대에는 상식으로 받아들여졌다는 사실을 알 수 있다[9])…[CRT, pp.128-129.]

…이러한 [고대의] 견해는 *르네상스* 시기에 다시 나타난다. 레오나르도 다 빈치(Leonardo da Vinci, 1452-1519)는 '그림은 그 원본

---

5) 본문의 굵은 글씨는 원저자가 원문에서 이탤릭체 내지는 [ ]로 강조 · 부연한 부분임.

6) [역주] 아리스토텔레스 외 지음, 천병희 역. 2002.『詩學』서울: 문예출판사로 번역되어 있음.

7) [역주] 김웅진(1996)은 이를 '비극은 인간 실존의 "일반 법칙"을 제시해 줄 수 있으며'로 표현하였다.

8) [역주] 참새가 날아든 포도 그림, 말이 곁에서 소리내어 우는 말 그림, 심지어 화가마저도 착각한 커튼 그림, 미론(Myron, BC 480-440경, 고대 그리스의 조각가)이 조각한 〈암소〉에 대한 무수한 일화들.

9) [원문 주] Erwin Panofsky의 논문 *Idea*, New York 1986을 보라.

사물과 유사할수록 가장 값지며, 나는 이런 사실을 통해 자연을 그 본래 모습보다 더 아름답게 윤색improve하려는 화가들을 논박하고자 한다.'라고 말했다10). 레온 바티스타 알베르티(Leon Battista Alberti, 1404-1472)는 당시 새롭게 등장한 원근법을 언급하면서, 눈에서 대상까지의 시선에서 형성되는 '피라미드의 횡단면'으로 회화를 정의했다11). 회화는 시각 피라미드의 횡단면의 복제물이다. '화가는 주어진 화판이나 벽에 선을 긋고 색칠해서 만든 자신의 작품이 생생한 실체처럼 보이도록 해야 한다. 바로 그것이 화가의 역할이다.'(스펜서, 『알베르티의 회화론』, p.89)…[CRT, p.129.]

…우리는 위에서 살펴본 간략한 개관을 통해 모방이 단순히 드러난 양상을 똑같이 복제하는 것이 아니라 일련의 선택과 관련이 있다는 것을 확인할 수 있다. 재료의 선택이 그중 한가지이다. 모방하는 사람은 [데미우르고스가 세상을 건설할 때처럼] 재료의 성격을 고려해서 모방해야 한다. 이러한 속성은 자연적인 것일 수도 있고, 역사문화적으로 기인한 사회적 협약12)들의 산물일 수도 있으며, [사회적 협약을 기반으로 새롭게 만들어진] 창안과 [창안으로부터 형성된] 전통13)일 수 있다. 모방하는 사람은 모방 대상의 어떤 측면을 모방할지를 선택해야 한다. …… 모방자는 재료와 전통에 대한 이론적이고 실질적인 지식을 갖고 있어야 하며, 기존의 방법대로 모방할 뿐 아니라 창조적으로 모방할 수 있다. 따라서 모방은 일련의 선택choices의 문제이다…[CRT, pp.129-130.]

…과학을 전형적인 모방의 경우로 간주하는 철학적 관점이 있다.

---

10) [원문 주] *Trattato della pittura*, ed. Ludwig, 1881, Nr. 411.

11) [원문 주] J. Spencer, *On Painting*(1966), p.49, 52로부터 재인용.

12) [역주] 전형적 어구들, 문법, 문서에 쓰인 단어들, 운율, 음계, 비극에서 사용되는 규격화된 몸짓들.

13) [역주] 소포클레스(Sophocles, BC 496-406)는 비극의 형식을 향상 시켰다. 그는 세 번째 연기자를 첨가했으며 코러스의 수를 열두 명에서 열다섯 명으로 늘렸다. 무대 위에서 동시에 말하는 세 사람의 연기자를 가질 수 있다는 가능성은 극작가가 효과적인 장면을 연출하는 데에 크게 기여했다. 그는 또한 비극 작가가 경연 대회에 출품해야 하는 세 편의 비극과 한 편의 사튀로스 극으로 구성된 4부작을, 하나의 주제에 관한 연결된 내용 대신 서로 관련이 없는 독립된 주제로 연극을 구성함으로써 새로운 혁신을 일으켰다. 더욱이 그는 약한 목소리 때문에, 극작가가 직접 자신의 연극에서 공연하는 관례를 그만두고 전문적인 배우를 고용하기도 했다. 정혜신(2003), pp.156-157.
에우리피데스(Euripides, BC 480경-406경) 극의 특징은 비극의 연출 기법을 탁월할 정도로 의식적이고 또한 분명하게 사용한다는 것이다. 소포클레스는 꽉 짜인 틀을 때때로 벗어나게 함으로써 극 전체를 자연스러운 대화에 가깝게 만들었던 반면, 에우리피데스는 예술의 작위적인 면을 보여주고 있다. 그는 작품에서 '오밀조밀한 꾸밈으로 온갖 재주를 부렸다.' 마틴 호제 지음, 홍민표 역(2005), pp.164-166.

모방은 인지에 관한 아리스토텔레스의 이론의 일부이다. 아리스토텔레스는 어떤 외부적인 방해가 없는 상황이라면, 모방은 감각기관에 자연형상을 각인시키는 것이라 주장하였다. 과학의 과업이 '현상을 포착하는 것', 즉 흔히 쓰는 도구14)를 이용해서 현상들을 가능한 한 정확하게 나타내는 것이라는 관념은 모방이라는 관념의 기저를 이루며It underlies the idea, 옛날뿐만 아니라 오늘날에도 널리 받아들여진다. 베이컨(Francis Bacon, 1561-1626)도 모방을 같은 의미로 생각했다. 베이컨은 마음을 거울로 비유했는데, 마음의 거울은 휘어져 있고 디러워서 사닌의 무엇인가를 비추기 전에 그 표면이 깨끗이 청소되어야 하고, 펴져야 한다고 주장했다15). 이러한 베이컨의 견해는 소위 편견이 없고 엄정하고 객관적인 과학자라는 과학자에 대한 통속적인 관념으로 오늘날에도 발현된다It survives. 오늘날 과학자들은 [자신의 고유한] 추측을 피하고 관측한 것을 있는 모습 그대로 말하는데 집중해야 한다고 여겨진다…[CRT, p.130.]

여기에서 파이어라벤드는 그 당시에 존재했던 모방에 대한 또 다른 관점을 소개하면서, 자신이 이 논문에서 제시하려는 비판의 논지를 설명한다.

…하지만 이와는 반대로 과학과 인문학의 목표를 아주 다르게 보는 관점도 존재한다…[CRT, p.130.]

…여러 관점 중에서 파르메니데스(Parmenides, BC 510-450)가 소개한 관점에 따르면, 실재를 서술하는 것이 (과학적) 지식의 과업이다. 이것은 모방처럼 들린다. 그러나 파르메니데스는 실재는 표면적인 현상 뒤에 숨겨져 있기 때문에 단순한 모방으로는 실재를 서술할 수 없고, 그것을 드러내기 위해서 영감靈感, divine support이 필요하다고 덧붙인다. 이것이 인문학과 과학 연구에 수행되는 방법에 대한 두 번째 견해이다…[CRT, pp.130-131.]

---

14) [역주] 프톨레마이오스 천문학의 경우에서 원, 주전원, 방심傍心, 고전 물리학의 경우에서 미분방정식.
15) [원문 주] *Novum Organum* Aphorism 47; cf. also aphorisms 115 and 69.

…인문학과 과학이 [본질적으로] 모방의 작업이고 모방을 통해서 배울 수 있다는 고대의 관념은 '시인들은 시에 대한 기존의 지식을 가지고 시를 지어내는 것이 아니라, 마치 신탁을 받는 예언자처럼 어떤 천부적 재능과 신적 영감의 기반 위에서 창작하는 것이라는 관점'과 맞닥뜨렸다[16]…[CRT, p.131.]

…이해의 과정이나 예술 작품을 만드는 과정은 기술, 기법에 대한 이성적 지식과 타고난 재능을 뛰어넘는 어떤 요소로 이루어진다고 할 수 있겠다. 무엇인가 우리가 알 수 없는 새로운 힘이 영혼을 휘어잡아 지휘한다. 그 힘은 우리에게 깨달음을 주기도 하고, 예술 작품을 만들게도 한다. 힘이 신적 영감이나 창조적 광기처럼 외부로부터 개인에게 부여되는 것이 아니라, 그 사람 자신으로부터 솟아 나와서 예술, 지식, 기술 분야 및 더 나아가 세상을 변화시킨다는 가정을 나는 이 논문에서 비판하고자 한다…[CRT, p.131.]

…나는 널리 통용되는 특정 주장의 예를 들어 설명하겠다. 비평을 더욱 명료하게 하기 위해 과학 연구에서 개인의 창의성이 얼마나 중요한지 이야기하는 기존의 주장을 활용하려고 한다. 이렇게 구체적이고 분명한 주장이 틀린 것으로 드러난다면, 더 애매모호한 영역에서 사용되는 창의성에 대한 (수사적이며 사변적인) 주장들은 거론할 가치도 없을 것이다…[CRT, p.131.]

2. 아인슈타인의 창의성 관념에 대한 파이어라벤드의 반론

파이어라벤드는 이론과 개념이 개인적 창안의 소산이며, '감각경험에 대한 심정적 이해'에 바탕을 둔 직관이 바로 이론과 개념의 기반이 된다는 아인슈타인(Albert Einstein, 1879-1955)의 견해를 반박하는 방식으로 자신의 논지를 전개해 나간다.

---

16) [원문 주] Plato, *Apology of Socrates*, 21d.
   [역주] 플라톤 지음, 박종현 역, 2003. 『플라톤의 네 대화편-에우티프론/소크라테스의 변론/크리톤/파이돈』 서울: 서광사로 번역되어 있음

…아인슈타인의 설명을 들어보자.

객관적인 실존 세계를 설정하는 첫 단계는 다양한 유형의 실체에 대한 개념을 구축하는 것이다. 우리는 의식적이든 무의식적이든 많은 감각 경험으로부터 지속적으로 반복되는 특정한 감각 인상을 포착한다. 그런 감각 인상은 어떤 때는 여타 감각 경험에 대한 신호로 해석될 수도 있다.[17] 우리는 우리가 포착한 감각 인상을 통해 실체를 개념화한다. [따라서] 논리적으로 볼 때, 이렇게 형성된 개념은 그것이 지칭하는 감각 인상의 전체적인 모습과 동일하지 않다. 차라리 이 개념은 인간 또는 동물의 심성이 창조해 낸 자유로운 창안물creation이라고 해도 좋을 것이다. 그럼에도 불구하고, 이 개념은 총체적인 감각 인상 없이는 의미를 지니거나 정당화될 수 없다.

우리의 기대를 결정하는 사고思考체계 속에서 우리는 실체에 대한 개념에 중요성을 부여하지만, 그 개념은 원래 그 물체에 대한 개념을 생기게 한 감각 인상과는 대단히 독립적이라는 사실에서 두 번째 단계에 대한 논의를 시작하면 좋을 것 같다. 두 번째 단계는 우리가 어떤 실체에 '실존'성을 부여하는 것이다. 이러한 정신적 역동은 감각 인상의 미로 속에서, 감각 경험을 통한 개념화와 개념에 대한 인식의 관계를 통해서 우리가 무엇을 인지해야 되는지 알 수 있게 해준다는 사실에서 정당화된다. 비록 자유로운 인식의 창안임에도 불구하고, 이렇게 [널리 통용되고 정형화된] 관념과 [인식의] 관계는 독립적인 감각 인상 그 자체보다 대단히 견고하다. 하지만 마치 환상이나 환각처럼, [널리 통용되고 정형화된] 관념과 [인식의] 관계의 특징은 결코 완전하지 않다. 반면에 이러한 개념과 관계들, 그리고 실체와 흔히 말하는 '실제 세계'의 근거는 이것들과 인식적으로 연결된 감각 인상들에 기초해야 한다(p.291)…[CRT, p.132.]

…다음으로 아인슈타인은 이론에 대해 이야기한다. 이론은 훨씬

---

17) [역주] 이런 류의 그림을 예로 들 수 있을 것이다. 노우드 러셀 핸슨 지음, 송진웅 · 조숙경 공역(2007), p.34, 그림 4, 그림 5.

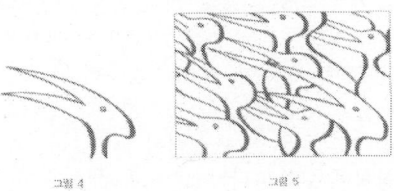

그림 4   그림 5

더 추측에 근거를 둔다. 이론들은 '감각 경험과 직접 관련되지 않았을 뿐' 아니라(p.294), 심지어 관찰에 의해서 만들어지지도 않으며, 처음 기반을 둔 경험 정보와 상치될 수 있다. 뉴턴의 고전 역학과 일반 상대성 이론을 예로 들 수 있는데, 두 이론은 기본 개념이 상충되지만 똑같은 관측과 법칙이 연역될 수도 있다. 이론적 원리들과 개념들은 전적으로 '창안'(p.273)되는 것이다. 그럼에도 불구하고 아인슈타인은 개념들을 '감추어져 있지만 객관적인 실제 세계를 서술하는 것'으로 간주했다. 이러한 [이론과 실존 세계의] 연결을 믿는 데에는 매우 종교적인 태도와도 같은 강력한 신념을 필요로 하며, [그 연결고리를 만드는 데] 엄청나게 창조적인 노력이 요구된다…[CRT, pp.132-133.]

파이어라벤드는 이러한 아인슈타인의 견해를 적극적으로 비판하고 있다. 즉, 그는 먼저 상식적 차원에서 이해하기 쉬운 근거를 제시한다.

…물리적 세계의 역동에 관한 지식의 성장에 대한 이런 설명은 여러 가지로 어려운 문제에 봉착한다. 먼저, 실재로 이끄는 과정의 출발점이 완전히 비현실적이다. 실제 역사를 보거나 개인의 성장 과정을 볼 때, '1단계'는 전혀 없다. 우리가 '감각 인상의 미로'에 둘러싸여서 '논리적으로 그리고 우발적으로' 경험의 일정 영역들을 선택하고, '자유롭게' 개념을 '창안하며', 그 감각 경험을 개념화하는 단계란 없는 것이다. 심지어 어린아이들조차 가장 순수한 색과 소리들을 보고 듣지 않고, 미소나 친절한 목소리와 같은 틀로 인식한다. 성인들은 의자와 탁자부터 가극 공연, 무지개, 별들에 이르기까지 사물들과 그 사물들 간의 역동적 관계에서 발생하는 일련의 과정들을 지각知覺하며 살고 있다. 이러한 실체들은 우리가 그것을 어떻게 인식하는가와 상관없이 스스로 존재한다. 따라서 우리는 그런 것들을 물리적으로 변화시키기 위해 밀고, 짜내고, 잘라내야만 한다. 우리가 단순히 사물을 다르게 대한다거나 사물의 물리적 위치를 바꾸는 것만으로는 충분하지 않다. 색이 섞여 있는 사물이나 육성에 반대되는 순수한 색감과 순수한 음감과 같은 감각 인상들은 우리가 살고 있는 세상을 이해하는데 별다른 역할을 못한다. 순수한 감각 인상들은 잘 관찰해서 봐야 하는 의도적으로 만들어낸 특정한 상황에서나 나타날 뿐이고, 새로운 지식을 생산하는

것이 아니라 이미 만들어진 이론적 구성체이다. 게다가 '1단계'가 있다 치더라도 그것은 별 소득이 없을 것인데, 왜냐하면 '감각 인상(1차 경험)의 미로'에 놓인 사람은 실체를 조성하려고 해봤자 시작조차 못하면서 방향 감각을 잃고, 아주 간단한 생각도 할 수 없을 것이기 때문이다. 그는 '창의성'을 발휘하기는커녕 단순한 생각의 마비 상태에 놓이게 될 것이다…[CRT, p.133.]

…자, 우리가 주어진 감각 자료를 가지고 실존 세상을 '어떤 식으로든지' 건실하는네 성공하였다고 가정해보자. 아인슈타인 주장의 다음 단계들은 적절한가? 그렇지 않다!

실존 세계는 감각 자료의 선택과 **밀접하게**logically 동일하지 않다. 우리가 아무리 세상을 조심스럽게 고르고, 조합시켜도 창의적인 과학자의 행동으로 이 세상이 구성되어왔다는 결론은 나지 않는다. 다시 말해, 내가 걸을 때 지금 걷는 걸음은 내가 방금 전에 막 걸은 걸음에 의해서 논리적으로 연역되지 않는다. 걷는 것을 창조적인 행위의 결과라고 말하는 것은 어리석은 일 아닌가! 물리적 세계를 예로 들어보면 굴러 떨어지는 돌의 나중 위치는 논리적으로 결정되지 않는다. …… 피아제(Jean Piaget, 1896-1980)는 창의적인 노력이 아니라 '진화의 법칙'을 단순히 따름으로써 아이들의 인식이 어떻게 개발됐는지에 대해 매우 설득력 있게 구체적으로 진술했다18). 예를 들어 콘라트 로렌츠(Konrad Lorenz, 1903-1989)가 그의 거위 연구에서 패턴의 인지와 그 다음의 귀착attachment을 매우 유려하게 묘사한 것처럼 우리 행위의 어떤 특징들은 심지어 유전적으로 결정될 수도 있다. 결론적으로 말하자면, 우리의 인식과 거리가 먼 사건이 발생해도 우리는 이를 창의성의 소산으로 치부할 수 없다…
[CRT, pp.133-134.]

상식으로부터 과학의 영역으로 논의를 옮겨가면서, 파이어라벤드는 낯선 개념과 직관에 따라 이론이 공식화된다고 주장한다. 또한 예측이나 기본적인 용어 및 이론들은 경험적 증거에만 기반을 둔 것이 아니기 때문에 창의성이 발휘되어야만 만들어질 수 있다는 견해가

---

18) [원문 주] Jean Piaget(1954), p.352.

있을 수 있다고 인정하면서도 그러한 견해가 결코 타당하지 않다고
주장한다.

    …첫 번째 이유는 개념은 반드시 개념들을 사용하는 사람들의
의식적인 행동에만 근거를 둔 것이 아니라는 것이다. 예를 들어 크
세노파네스(Xenophanes, BC 570-480)와 파르메니데스가 제시하고
엘레아의 제논(Xenon, BC 490경-430경)이 더 정교하게 다듬은 존
재, 신성, 부분·전체 같은 개념들은 더 구체적인 개념들이 무의식적
으로 점차 구체적 지칭성이 추상화되면서 침식되었다. 이러한 침식
은 『일리아스』19)에서 시작되었고, 기원전 5, 6세기에 현저하게 드
러났다. 철학자들이 이러한 침식을 주도하긴 했지만, 구체적 지칭
성의 추상화를 시작한 것은 아니었다. 이러한 침식은 응시凝視와 같
은 행태적 개념에서부터, 명예와 같은 사회적 개념, 지식과 같은
'인식론적' 개념에 이르기까지 전개되었다. 원래 이런 개념 모두는
태도, 얼굴 표정, 분위기, 상황 그리고 다른 구체적인 환경의 세세
한 부분까지 포함한다. 예를 들어 응시는 응시행위뿐 아니라 사람
이 느끼는 두려움과 떼려야 뗄 수 없으며, 지식은 지식을 획득하려
는 행위를 포함한다20).
    그 당시에 사용하였던 개념들이 다의적이고 복잡하며, 사실적이
기 때문에, 현존 세상에서의 존재 방식을 단순하고, 맥락(관찰자)으
로부터 독립적이며 따라서 '객관적인' 관념으로 환원시키는 것은
불가능할 지도 모른다. 여하간 중요 개념의 수와 복잡성이 감소하
고, 지칭하던 구체적인 것들이 소거되면서 '단어들은 내용이 가벼
워지고, 편향적이며, 텅 빈 공식으로 전락했다.'21) 복잡하고, 불분
명하며, 정의를 내리기 어려운 관념들보다 단순하고, 명백하며, 쉽
게 정의 내릴 수 있는 관념들을 더 좋아하는 철학자들은 그런 개념
의 침식에 편승했고, **그러한 경험적 사건 발생 이후**after the event, 그러
한 사건과 유리되어서 본질적으로 지식에 대한 오직 하나의 개념,
신성에 대한 오직 하나의 개념, 존재에 대한 오직 하나의 개념만
있을 것이라고 주장하곤 했다. 따라서 호메로스의 서사시에 암시된

---

19) [역주] 호메로스 지음, 천병희 역. 2007. 『일리아스』 경기: 도서출판 숲의 제목을 참조하여 사용함.

20) [원문 주] 세부사항은 Bruno Snell의 저서 *Ausdrücke für den Begriff des Wissens in der vorplatonischen Philosophie*, Berlin 1924와 *Die Entdeckung des Geistes*, Göttingen (1975)에 나와 있음.

21) [원문 주] Kurt von Fritz(1966), p.11.

복잡하고 상세한 세계관은 그 세계관과는 다른, 원자론자들을 포함한 소크라테스 이전의 철학자들과 플라톤이 지닌 더 단순하고 더 추상적인 세계관으로 치환되었다. 그리고 **그들은 그런 전개를 통해 도대체 무엇을 얻을 수 있을지 별 생각이 없었다**without much conscious participation on the part of those who profited from the development, 후에 아리스토텔레스는 초창기 사고의 중요한 요소들을 복구해냈고, 따라서 상식과 추상적 철학의 경탄할만한 조합을 만들어냈다. 물론 전반적인 과정 여기저기에서 찾아볼 수 있는 약간의 사소한 '창안'이 있었다. 그러나 그 '창안'들은 그 자체로는 별로 중요하지 않았고, 그다지 창의적이지 않은 변화의 전반적인 흐름에 비추어서만 그 중요성을 인정받았다…[CRT, pp.134-135.]

…가장 상상력이 뛰어난 과학철학자 중 한 명인 에른스트 마흐(Ernst Mach, 1838-1916)는 수의 역사에 대해 다음과 같이 비슷한 상황을 서술한다.(*Erkenntnis und Irrtum*, 라이프치히 1917, p.327.)
사람들은 흔히 수를 '인간 심성의 자유로운 창안'이라 부른다. 우리는 완성된 연산의 장대한 체계를 볼 때 매우 자연스럽게 이런 말이 함의하고 있는 인간 정신에 대해 칭송하게 된다. 그러나 우리는 **숫자를 직관적으로 쓰기 시작해야 했던 때**instinctive beginnings를 살피며, 그 구체적 상황을 고려할 때에만 이러한 창안을 더 깊이 이해할 수 있다. 사람들은 아마도 그때서야 여기에서 일어났던 최초의 수리적 논리구조들은 물질적인 환경에 의해 무의식적으로 그리고 생물학적으로 인간에게 **강요되었으며**forced, 그 구조의 가치는 그것이 쓸모 있다는 것이 입증된 후에만 인정받을 수 있다는 것을 깨달을 것이다…[CRT, pp.135-136.]

…추상적이고 별난 개념들이 오로지 개개인의 창의적인 행위의 결과라는 것을 의심하는 두 번째 이유는 참신한 일반적인 원리마저도 그것을 의식적이고 의도적으로 공식화할 때 굳이 창의성을 빌어 설명할 필요가 없다는 것이다. 한 가지 예를 들어, 마흐는 그의 저서 *Mechanik*(9판, 라이프치히 1933)의 1장 2절에서 같은 높이의 경사진 면에서 같은 무게의 추가 면의 길이에 반비례하여 움직인다는 정적인 평형 조건에 대한 스테빈(Simon Stevin, 1548-1620)의 주장(명제 E)을 제시하고 분석한다. 명제 E를 이끌어내기 위해서 스테빈은 두 면이 맞닿아 있는 쐐기 부분에 매달려 있는 쇠사슬을 상상한다.

스테빈의 심의 평행사변형법칙[22]

  스테빈에 따르면 이때 쇠사슬은 움직이거나 멈춰 있을 것인데, 쇠사슬이 움직인다면, 그것은 영속적인 움직임을 보일 것이다. (사슬의 모든 위치는 모든 다른 위치와 동등하다) 그러나 쐐기에 매달려 있는 사슬이 영속적으로 움직인다는 것은 모순이다(명제 P). 그러므로 사슬은 움직이지 않고 평형상태에 있다. 그리고 사슬의 밑부분이 대칭되면서 평형상태를 방해하지 않고 잘려나갈 수 있기 때문에 E가 도출된다. 여기까지가 스테빈의 주장이다.

  마흐에 따르면, 명제 E는 실험으로부터 유도$_{derivations}$되거나 명제 P와 같은 '원리'의 도움을 받아 발견될 수 있다. 다시 마흐는 실험은 '(마찰이라는) 미처 고려하지 못한 환경에 의해 왜곡된다', 또한 실험은 정확한 정적인 비율과 '항상 다르고', '의심스러우며', '파행적이고', '불분명하며', '짜깁기 되어 있다.'라고 말한다(전게서 p.72.). 귀납은 이렇게 유감스러운 결과로 이끈다. 반면 원리들로부터 이끌어낸 주장은 '더 값지다$_{have\ greater\ value}$'. 그리고 우리는 '그런 주장들을 모순 없이 받아들인다'. 그런 주장들은 '직관$_{instinct}$으로부터' 권위를 부여 받는데, 사슬은 아마 영속적으로 움직이지 못할 거라는 스테빈의 확신을 예로 들 수 있을 것이다. '가장 강력한 개념적 힘과 결합된 가장 강력한 직관'만이 한 사람을 위대한 과학자로 만들 수 있기 때문에 이것이야말로 과학의 원동력이다…[CRT, p.136.]

  …'직관'에 대한 마흐의 관념은 아인슈타인의 '인간 심성의 자유로운 창안' 개념과 유사한 것 같지만, 실은 어마어마하게 다르다.

---

22) http://www.win.tue.nl/casa/meetings/seminar/previous/_abstract060125_files/Simon_Stevin.pdf (검색일: 2011. 4. 30.)

아인슈타인이 창안을 그의 종교적인 태도와 결부시키면서, 창의성이 어떻게 나오는지 전혀 이야기하지 않는 반면 마흐는 즉시 단서를 단다. 마흐에 따르면, '창의성을 결코 신비의 소산이라고 볼 필요는 없다. 창의성을 신의 선물로 간주하는 대신, 다음과 같은 질문을 해보자. 즉, 어떻게 직관적 지식이 비롯되고originate 그 지식은 무엇을 함유하고 있는가? 과학자든 아니든 우리 모두는 적절한 경험적 증거들에 따른 상세한 점검 없이 오랜 적응을 통해 일반적 원리를 만들어낸다.' 이 지난至難한 과정을 지나면서 우리는 크게 실망하고, 행동도 그에 따라 바꾸며, 이제 인간 심성은 그런 변화의 과정을 내포하게 된다. 우리가 뜻한 바대로 실험의 결과들을 얻는 경우가 거의 없기 때문에, 직관적으로 발견된 원리를 가지고 실험의 결과들을 수정하고, 심지어 수정된 실험 결과를 받아들이는 것은 전적으로 정당하다. 물론 스테빈의 주장은 경사진 면에 대한 문제와 영속적인 움직임에 관한 직관적 지식, 이 두 가지를 동시에 고려할 때만 성립될 수 있다. 즉, 스테빈은 경사진 면에 대한 문제는 영속적인 움직임에 관한 직관적 지식에 의해서 해결될 수 있다는 것을 '고려해야만 했다'. 그러나 과학적 발견에 대한 설명23)은 이런 '집약bringing together'이 자연스럽게 생겨나고, 의식적인 간섭은 도움이 되기보다 방해가 된다는 것을 우리에게 말해준다. 그러므로 마흐는 플랑크(Max Karl Ernst Ludwig Planck, 1858-1947)나 아인슈타인 등이 '인간 심성의 자유로운 창안'이라 피력한 것의 정체를 밝혔다고 볼 수 있다. 따라서 아인슈타인이 어떻게 자신의 견해를 뒷받침했는지 살펴보면, 그 과정 자체가 그가 말한 것처럼 아직 개인의 창의적인 행위를 증명한 것은 아니라고 할 수 있다. 우리는 이에 대해 좀 더 파고들어가야 한다…[CRT, pp.137-138.]

…이제 나는 창의성에 대한 세 번째이자 마지막 논평을 하려 한다. 창의성에 대해 이야기하려면, 우리는 인간을 단지 인과법칙을 따라 행위하는 존재가 아니라 인과법칙을 **창안하는**starting 존재라는 관점으로 봐야한다. 이것은 물론 오늘날 대부분의 지식인들이 갖고 있는 관념이다. 그들은 가정假定을 세우기도 하고, 또 때로는 그 가정을 당연하게 받아들인다. 이것 외에 인간이 할 수 있는 것은 무엇인가? 인간은 세상에서 책임을 지고, 결정을 하며, 문제들을 고민하면서 풀고자 시도하고, 배워서 알고 있는 답을 따라 행동한다.

---

23) [원문 주] J. Hadamard, *The Psychology of Invention in the Mathematical Field*(1949)에서 든 예를 보라.

아주 어린 시절부터 우리는 우리의 행동과 사건들을 연결시키고, 행동에 대한 책임을 가정하며, 우리 맘에 들지 않는 것에 대해 다른 이들을 비난하도록 길들여진다. 이런 가정은 [현대 서구사회의] 정치, 교육, 과학 그리고 인간관계에 있어 [필수적인] 기반이 된다. 그러나 그 가정은 하나의 가정일 뿐이며, 그런 가정을 기반으로 사는 삶이 여태껏 유일하게 존재했던 인류의 모습도 아니다. 인류 역사를 돌아볼 때, 인류는 그들 자신과 삶, 우주에서의 그들의 역할에 대해 현대 서구사회와는 매우 다른 관념들을 갖고 있었으며, 그들 [각자의] 관념들에 따라 행동했고, 현대 서구사회에서 여전히 감탄하며, 모방하고자 했던 결과들을 이룩해냈다. 그리고 오늘날에도 현대 서구사회와는 다른 문화적 배경 속에서 다른 관념을 가지고 살아가는 인류도 있다…[CRT, p.138.]

…호메로스의 작품에서 인간은 의식적인 선택과 창조적인 행위에 필요한 제일성第一性, unity을 갖지 않는다. 후기 기하학 예술, 호메로스의 시, 고대에 보편적인 사고에서, 인간은 느슨하게 연결된 다양한 면모를 지닌다. 인간은 꿈, 방만한 사고, 정서, 신 내림이 느슨하게 연결되어 스쳐지나가는 환승정거장transit stations 같다. 특별한 인과관계를 시작하거나 '창안'했을 수도 있는 통합된 존재는 없고, 육체조차도 우리가 후기 그리스 조각품에서 볼 수 있는 긴밀한 결합과 경탄을 자아내는 분절성을 가지고 있지 않다. 그러나 이런 **개인**the individual의 제일성의 상실은 주체가 **주변 환경에**into its surroundings 맞춰짐으로써 오히려 장점이 될 수 있다. 인간을 세상으로부터 어느 정도 분리시키는 현대의 개념이 상호작용을 정신-육체의 문제와 같은 풀 수 없는 문제로 만든 반면, 호메로스의 작품에서 나타난 전사나 시인은 결코 세상과 동떨어져 있지 않은 실존적 존재들이고, 외부 세상과 많은 요소들을 공유한다. 그는 서구 학자들이 인간에 대해 생각하고 있는 것처럼 자신을 개인의 책임·자유의지·창의성의 수호자로 느끼면서, '행동'하거나 '창안'하기보다는, 그를 둘러싼 변화에 그저 자연스럽게 참여한다24)…[CRT, p.139.]

이로부터 파이어라벤드는 자신의 핵심적 주장을 전개한다.

---

24) [원문 주] 구체적인 세부사항은 나의 저서 *Against Method*(1975), 제17장과 비교해 보라.

…이제 나는 핵심적인 주장을 하려 한다. 오늘날 개인의 창의성은 계발하도록 장려되며, [반대로] 창의성이 없는 것은 심각한 결함을 내포한다는 것을 우리에게 보여주는 특별한 재능$_{gift}$으로 간주된다. 이러한 태도는 인간이 자연으로부터 분리되어 고유한 사고들과 의지를 가진 독립적인 존재일 때만 성립된다. 그러나 이러한 오늘날의 관점은 거대한 문제를 야기하는데, 그 문제들은 첫째, (정신과 육체관계의 문제, 더 기술적인 수준에서는 귀납의 문제, 외부세계의 실재의 문제, 양자역학에서 측정의 문제 등과 같은) 이론적 문제, 둘째, (성취해낸 결과들이 인간 자신과 그 성취물$_{成就物}$ 모두를 위협하는, 또한 스스로를 자연과 사회의 주인으로 여기는 인간의 행동이 세계의 나머지 부분과 어떻게 다시 통합될 수 있는가? 하는) 실제적인 문제, 셋째, (자연을 형성하고, 최근의 지적인 흐름에 따라서 다른 이들의 문화를 형성할 권리가 인간에게 있는가? 하는) 윤리적인 문제들이다…[CRT, pp.139-140.]

…이런 문제들은 앞에서 이미 설명하였던, 복잡하고 구체적인 것으로부터 단순하고 추상적인 것으로 개념이 이행되면서 발생한 문제들이다. 초기의 개념이 자연의 상황 종속성을 당연하게 여기며, 그것들을 다양한 방식으로 표현한 반면 … '철학자'의 개념과 그 개념이 17세기에 정련$_{refinements}$된 것이 바로 '객관'이었다. 즉, 다시 말해서 개념은 그것을 만든 사람과 분리되었고, 그것이 만들어진 상황과도 유리되었으며, 따라서 소위 세계$_{world}$라고 불리는 풍요로운 상호작용을 올바르게 표현할 수 없었다. 이러한 개념적 '혁명'의 소산인 주체와 객체, 인간과 자연, 감각 경험과 실존 사이의 심연을 메우려면 기적이 일어나야 한다. 그리고 과학적이고 철학적인 사고의 찬란한 성탑$_{城塔}$으로 우리를 이끄는 창안이 가능해지려면 기적에 가까운 창의성이 구현되어야만 한다. 따라서 소위 세상에서 가장 합리적인 관점은 기적, 즉 가장 비합리적인 창의성들과 결합될 때 기능할 수 있다…[CRT, p.140.]

…그러나 기적이 일어나야 할 필요는 없다. 아인슈타인은 관찰자와 [상관없이] 독립적으로 존재하는 물체나 어떤 시기에 [널리 통용되던] 상식보다 더 추상적인 개념을 생산하는데 창의성[이라는 개념]을 사용한다. 그런 물체나 추상적인 개념은 개인이나 공동체에서 자연스러운 역동에 의한 발전의 일시적 단계나 각 단계마다 발생하는 사소한 적응에 [필요하다]. [실제로 이루어진] 발전과

그런 발전을 가능하게 하는 공동체 속에 소속된 인간이라는 특징을 도외시하고, 아인슈타인은 추상적인 독립체, 사고하는 주체, '그의 감각의 미로'라는 허구의 환경에서 논의를 시작한다. 그의 논의에 따르면, 실존적 인간과 [인간이 만들어낸] 삶의 결과물들을 다시 연결하기 위해서는 동등하게 추상적이고, 허구의 과정인 창의성이 필요하다. 아인슈타인의 모델에서 나타나는, 기적을 필요로 하는 간극은 덜 추상적인 마음을 지닌 연구자(구식 생물학자들, 비-행위 심리학자들)의 [연구 결과를 통해서 또는] 상식적으로 알 수 있는 것처럼 실제 세상에서 나타나지 않는다. 실제 세상에서 나타나는 모습으로 아인슈타인의 모델을 대체하라. 그럴 때 개인적 창의성이라는 유령은 악몽처럼 사라질 것이다. [하지만] 불행하게도, 이것이 문제의 끝은 아니다…[CRT, p.140.]

…그 이유는 경험적 증거가 없는 가상의 이론들이 자연 세계와 유리되었다고해서 우리의 신념과 문화와 반드시 동떨어져 있다는 의미는 아니기 때문이다. 반대로 동떨어진 이론이 이상하고 파괴적인 행동에 대한 동기를 자주 제공한다. 비현실적인 정책은 비현실적이기 때문에 세상에 영향을 미쳤고, 전쟁과 그 외에 다른 사회적·자연적 재앙을 가져왔다. 일단 받아들여지면 논쟁해도 소용이 없다. 가장 아름다운 이론이라도 그 이론에 적대적인 환경에 처하면 궤변처럼 들릴 것이다. 바로 이것이 과학의 사실인데, 심지어 상식이 지배하는 민주주의 사회에 있어서는 더더욱 그렇다…[CRT, p.141.]

…우리에게는 … 인간을 독립적으로 자연과 사회로부터 유리된 건축가로서가 아니라, 자연과 사회로부터 분리될 수 없는 일부분으로 바라보는 태도, 종교, 철학도 필요하고, 과학과 정치적 제도에 상응해서 사고의 매개체라고 부르기 원하는 어떤 것도 필요하다. 우리에게는 사고의 매개체가 요구하는 철학과 사회적 구조를 찾기 위한 새로운 창의적인 행동이 필요 없다. 적어도 우리의 역사책에서는 그러한 철학(종교)과 사회구조는 이미 존재한다. 왜냐하면 그것들은 옛날에 사람의 관념 및 행동이 자연적으로 조성될 때 발생했었기 때문이다. [예를 들어,] 호메로스의 시가 있고, *도교*가 있고, 얼마나 창의성이 신비한지를 보여주는 많은 '원시적인' 문화가 있다…[CRT, p.141.]

…우리는 그것들이 '과학'이나 '현대적 상황'과 잘 들어맞지 않는다고 해서 그런 관점을 부정할 필요는 없다. 이론적이자 획일적인 독립체로서의 '과학'은 있을 수 없고, 소위 '현대적 상황'은 따지고 보면 평화와 행복에 대한 우리의 가장 기본적인 욕구를 저해하는 재앙이다. 과학자들조차 '객관적' 세계가 존재하고, 객관적 세계를 '주관적 영역'과 반드시 분리해야 한다는 인간의 분리주의 관점에 대해 의구심을 갖게 되었다. 이러므로 1세기도 더 전에 에른스트 마흐는 인간과 연구대상의 분리가 연구를 통해서도 정당화될 수 없고, 가장 단순한 감각이야말로 가장 의미 있는 추상화이며, 모든 인식행위는 감각과 분리될 수 없다고 지적했다. 콘라트 로렌츠는 과학에서 '주관적인' 요인들을 연구의 부분으로 인정할 것을 제창해 왔는데, 가장 최신의 과학적 규율의 하나인 소립자 물리학을 봐도 우리로 하여금 자연과 자연을 조사하기 위해 사용되는 도구 사이에 날카로운 경계선을 긋는 것은 불가능하다고 인정할 수밖에 없다. 사회적 측면을 고려해서, 우리는 15세기 *르네상스* 예술가들의 태도를 기억할 필요가 있다. 그들은 팀을 구성해서 일하였고, 급여를 받는 공예가였으며, 그 일에 있어서 문외한인 고용주의 지침을 받아들였다. 공동 작업은 이미 과학연구에서 중요한 역할을 수행하고 있다. 공동 작업은 *트랜지스터*를 만들던 *벨 전화 실험실*과 같은 단체에서 볼 수 있듯이 옛날에도, 오늘날에도 본보기가 된다. 그러한 능률, 겸손, 무엇보다도 인간성을 회복하기 위해서 필요한 것은 그들이 예술가든, 과학자든, 장인이든 간에 모두 자신들이 공동체의 일원으로서 **전문 지식의 영역에 속해 있으며**even inside the domain of their expertise, 따라서 그들 동료 일원들의 지도와 감독을 받아들여야만 한다는 것을 인정하는 것이다. 천부적으로 창의성을 지닌 일부 인간이 그들의 환상처럼 '신의 창조Creation'를 재현할 수 있다는 관점은 매우 자만하기 짝이 없다. 그러한 관점은 엄청나게 사회적, 생태학적이고 개인적인 문제들을 야기시킬 뿐 아니라, 과학적으로 봐서도 매우 신뢰성이 떨어진다. 우리는 창의성에 관한 인간의 관점을, [개인의 창의성에 대한] 근거 없는 무한한 신뢰the conceited view가 없애버린 [공동체적] 인간에 대한 훨씬 더 우호적인 관점을 적극적으로 수용해서 재검토해야만 한다…[CRT, pp.141-142.]

3. 공동체적 인간의 창의성

요컨대 파이어라벤드는 자연으로부터 유리된 이성적 인간의 창의성에 초점을 맞춘 기존의 관념을 통렬히 비판한다. 17세기에 등장한 '객관성'의 관념은 인간이 자연으로부터 완벽하게 분리된, 즉 독립적인 의지를 가진 존재일 때만 성립될 수 있지만 자연과 인간을 분리하는 것은 사실상 불가능하다는 것이다. 바로 그렇기에 그는 "신적 창조를 재현"해 낼 수 있는 개인의 창의성에 대한 근거 없는 신뢰가 없애버린 공동체적 인간에 논의의 초점을 맞추어 창의성의 관념을 재구성해야 한다고 주장한다. 또 과학자들이라 할지라도 공동체에 속한 사회구성원이기 때문에 연구활동에 있어서 사회의 지도와 감독을 수용해야 한다고 보고 있다.

참고문헌

김웅진. 1996. 『방법론과 정치적 실존-경험과학 연구이 재성찰』. 고양: 인긴사림.
노우드 러셀 헨슨. 송진웅 · 조숙경 공역. 2007. 『과학적 발견의 패턴』. 서울: 사이언스북스.
마틴 호제. 홍민표 역. 2005. 『희랍문학사』. 서울: 작은이야기.
아리스토텔레스 외. 천병희 역. 2002. 『詩學』. 서울: 문예출판사.
정혜신. 2003. 『그리스 문화 산책』. 서울: (주) 민음사
플라톤. 박종현 역. 2003. 『플라톤의 네 대화편-에우티프론/소크라테스의 변론/크리톤/파이돈』. 서울: 서광사.
플라톤. 박종현 · 김영균 공역. 2000. 『플라톤의 티마이오스』. 서울: 서광사.
호메로스. 천병희 역. 2007. 『일리아스』. 고양: 도서출판 숲.

제7장 창의적이지 않은 과학자들에게[1]

김윤환

참으로 신기한 일이다. 과학자가 창의적이지 않다니! 과학이 사회 전 부문에서 큰 힘을 발휘하고 있는 현대사회에서는 받아들이기 쉽지 않은 말이다. 과학 덕분에 인류는 지구 바깥으로 우주인을 보낼 수도 있고, 과거에는 불치병이라 여겨졌던 각종 질병들을 치료하여 평균 수명을 연장할 수도 있게 되었다. 특히 우리나라에게 과학은 큰 의미를 갖는다. 전쟁으로 황폐해진 나라에 '한강의 기적'을 일구며 우리나라를 절대빈곤으로부터 구출해준 힘도, 산업화시대 이후 정보화시대를 맞아 '세계 10대 정보강국'으로 끌어올린 힘도 따지고 보면 과학으로부터 나온 것이었다. 이런 과학자들이 창의적이지 않다니!

제니 윈터(Jenny Winter)는 과학자가 창의적이지 않다는 선언을 넘어, 도대체 왜 그렇게 과학자들에게서 창의성을 찾아보기 어려운지에 대한 진지한 성찰로 나아간다. 또한 그런 과학자들이 창의적이 되려

---

1) Winter, J. 1995. Creative Research: Description of Some Signposts to Unknown Areas. *Philosophy of the Social Sciences* 25:4, pp.468–478. 이하 CR로 표기함.

면 어떻게 해야 하는지에 대한 조언도 덧붙인다. 윈터의 이 같은 지적은 과학자들에게 개개인 수준에서의 성찰을 촉구함과 동시에, 과학 사회의 구성원으로서 자신들의 처지를 정확히 인식하고 대응해야 한다는 주문이기도 하다.

1. 문제를 찾지 못하는 것이 문제

과학자들의 창의성 부족을 탓하기 전에, 먼저 과학이란 무엇인가에 대해 생각해 볼 필요가 있다. 그래야만 과학자의 창의성 부족이 개인의 노력 부족에서 오는 것인지, 아니면 보다 구조적인 차원의 문제인지를 판별할 수 있기 때문이다.

보통 과학은 "문제풀이 행위"problem-solving activity라 정의된다. 그런데 과학을 이렇게 정의하는 것부터가 문제라는 것이 윈터의 지적이다.

> …과학이 무엇인가라는 질문에 대해, 과학철학자들은 주로 '과학이란 문제풀이 행위'라고 답변해 왔다. 그들이 주목한 것은 크게 두 가지 문제였는데, 하나는 주어진 문제에 대한 창의적인 해답을 찾는 것이었고, 다른 하나는 (그렇게 해서 찾아진) 새로운 해답(이론)을 평가하는 것이었다(Darden 1980, p.151.). 하지만 이 같은 접근 방식은 당장 시작부터 벽에 부딪히게 된다. 어떤 문제에 대한 해답을 찾음으로써 창의적 성과를 거둘 수 있다고 할 때, 과연 그 문제 자체는 어떻게 찾아낸단 말인가? 다시 말해, 우리가 전혀 또는 거의 모르고 있는 분야의 핵심을 건드려 줄 수 있는 문제를 어떻게 찾아낼 수 있는가?…[CR, p.468.]

따라서 과학을 단순한 문제풀이 행위로만 보아서는 안 되며, 창의적 가능성을 가진 문제 자체를 찾아내는 과정으로 보아야 한다는 것이 윈터의 주장이다. 이를 위해 그는 과학자의 창의성을 가로막는 요인이 무엇인지, 그리고 그 장애물을 넘어 창의적 가능성을 가진 문제들을 찾아내기 위해서는 어떻게 해야 하는지에 관한 이야기로 이후 글을 전개해 나간다.

2. 생각이 다르다는 사실을 견디지 못하는 사람들

윈터가 가장 먼저 지적하는 것은 과학자들 스스로 견해가 다르다는 사실을 인정하지 못한다는 점이다. 사실 과학자들이 연구 대상으로 삼는 것은 실로 거대한 자연 현상 또는 사회 현상이다. 따라서 그에 대해 오직 하나의 시각만 존재한다는 것이 오히려 이상한 것이다. 하지만 과학자들은 견해가 다르다는 사실을 마치 풀어야 할 문제가 있는 것처럼 오해하며, 어떻게 해서든지 견해 차이를 뭉뚱그리려 한다. 그 결과로 나오는 것이 이도저도 아닌 흐리멍텅한 이론이다.

> …내 생각에는 그 책의 저자들이 학자들 사이에서 합의가 이루어질 수 없는 주제에 대해서까지 무리하게 합의를 도출해 내려고 했기 때문이 아닐까 한다. 같은 현상에 대해서도 어떤 이론적 시각에서 바라보는지, 어떤 과정을 거쳐 경험적으로 검증하는지에 따라 다양한 관점들이 존재할 수 있다. 그런데 그렇게 다양한 관점들 하나하나가 이론적, 경험적으로 나름대로의 통찰을 준다는 것을 인정하지 않고 무리하게 합의를 만들어 내려다보니, 아무런 알맹이 없이 여러 관점들을 적당히 섞어놓은 것밖에 되지 않는 것이다…[CR, p.469.]

오히려 과학자들 사이의 견해 차이를 장려해야 한다는 것이 윈터의 주장이다. 어설프게 견해를 뭉뚱그리려는 '합의 회의'Consensus Conference보다는, 서로의 견해 차이를 확인하고 다른 견해 사이의 의견 교환을 촉진하는 '의견 불일치 회의'Dissensus Conference가 창의적 가능성을 가진 문제를 찾아내는데 훨씬 효과적이라는 것이다. 물론 이를 위해서는 다른 견해를 가진 사람들이 서로를 존중하고 서로의 의견에 귀를 기울여야 함은 당연한 일이다.

3. '표준규범'이라는 괴물

과학자의 창의성을 가로막는 두 번째 장애물은 소위 '표준규범'standard norms이다. 이 표준규범은 과학계가 오랜 역사적 경험을 통해 형성한 것으로서, 특정 연구의 품질을 판단하는 기준이 된다. 이 기준을 충족시키지 못하면 박사학위를 받는데 문제가 생겨 독립된 연구자로서의 지위를 획득하지 못하게 되거나, 설령 획득하더라도 연구비 지원이 끊겨 연구 활동에 심각한 장애를 초래하게 된다는 것이 윈터의 주장이다.

> …과학 연구가 창의적이지 않은 이유는 또 있다. 바로 어떤 연구가 좋은 연구인지를 판단하는 표준이 되는 규범 때문이다. 그 규범에 따르면, 과학 연구는 기존의 이론과 그 이론에 의해 수행된 연구 결과에 기반해야 하며, 마치 과학계가 함께 쌓아가는 큰 건물에 벽돌을 하나 얹어놓는 것처럼 기존 연구들의 연장선 위에 위치해야 한다. 또한 과학 연구는 방법론의 측면에서도 과학계가 요구하는 필수조건을 충족시켜야 한다…[CR, p.470.]

윈터가 설명하는 표준규범은 마치 지나가는 행인에게 수수께끼를 내어 풀지 못한 사람을 잡아먹었다는 스핑크스Sphinx를 연상시킨다. 과학자가 어렵게 얻은 자신의 궁금증을 발전시키기 위해 노력하고 있을 때, 표준규범이 나타나 방법론적으로 문제가 있다고 시비를 걸거나 "그것을 어떻게 측정할 건데?"와 같은 질문들을 던지며 괴롭히기 때문이다. 만약 과학자가 표준규범이 질문에 대답히지 못하면, 그 언구뿐만 아니라 심지어 그 과학자에게는 비과학적이라는 낙인이 찍히게 되는 것이다.

그렇다면, 이 표준규범이라는 괴물에 어떻게 맞서 싸울 것인가? 윈터는 잘라 말한다. "목적을 달성하고자 하는 동기가 분명하면, 방법론적으로도 능숙해지게 된다." 따라서 표준규범에 충실한지 아닌지를 고민하지 말고, 모험을 할 용기를 갖추라는 것이 윈터의 지적이다. 이를 위해 그는 "지식과 이해에 관한 S-곡선"을 소개한다.

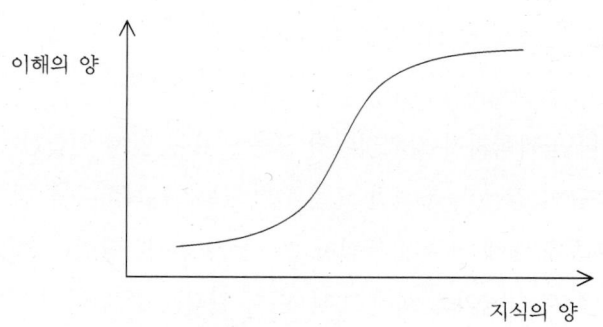

지식과 이해에 관한 S-곡선[CR, 471]

처음 어떤 분야에 대한 지식을 쌓을 때는 그 분야에 대한 이해가 천천히 증가하지만, 계속해서 지식을 쌓게 되면 이해도가 급속히 증가하는 시기가 이어지고, 마지막으로는 지식이 더해져도 새로운 통찰이 별로 더해지지 않는 시기가 오게 된다. 이 중에서 윈터는 평평한 꼭대기 부분이 주는 안락에서 벗어나, 중간 부분이나 아래 부분이 주는 지적 흥분을 느껴보라고 조언한다.

> ···대부분의 과학 연구들은 지식과 이해에 관한 S-곡선의 평평한 꼭대기 부분에서 왔다 갔다 하는데, 왜냐하면 이 부분에서는 연구의 질을 평가하는 표준규범을 충실히 만족시켜 안전하게 연구를 수행할 수 있기 때문이다. 연구의 독창성이라는 (또 다른) 규범은 이러한 꼭대기 부분에서 한 발짝 아래로 내려온 부분에 와서야 비로소 고려될 수 있다. 하지만 이 경우에도 바닥의 평평한 부분까지는 물론이고 중간 부분까지라도 내려오는 경우는 거의 없다. 사실 진정 창의적인 연구가 쏟아져 나올 수 있는 부분이 바로 그 중간 부분인데도 말이다···[CR, p.471.]

4. 열린 마음을 가지고 눈을 뜨자

그렇다면 과학자가 창의적이지 않은 이유는 앞서 언급한 합의 강요나 표준규범 같은 구조적인 요인들만 있는가? 과학자들 개개인은 창의성 부족에 대해 아무런 책임이 없다는 말인가? 당연히 그렇지 않다. 개별 과학자 차원의 문제에 대해, 먼저 윈터는 '우연한 발견'serendipity이라는 화두를 통해 이야기한다. 과학자가 전혀 다른 곳에 주의를 기울이고 있다면, 눈앞에 펼쳐지는 사건들의 의미를 올바로 파악하기 어렵다. 또 애초에 연구를 시작할 때 기대했던 결과가 나오지 않았을 때,

과학자가 그것을 부끄러워하며 폐기해 버릴 수도 있다. 그렇게 과학자의 눈앞을 지나쳐 버리거나 쓰레기통에 버려진 것들 중에서 과학의 역사를 뒤바꿀 만한 위대한 발견이 있을 수 있지 않겠는가.

> …'우연한 발견'이라는 표현을 구성하는 두 가지 단어 가운데, 운 좋게 이루어진다는 의미를 갖는 앞 단어가 아니라 오히려 '발견'이라는 뒷 단어에 주목해야 한다. 발견은 주의력과 통찰력이 조화를 이루어야만 얻을 수 있는 결과이다. 잃어버린 신발 한 짝을 찾으려는 데 자신의 모든 주의력을 쏟고 있는 사람은, 바로 눈앞에 있는 금광을 알아차릴 수 있는 통찰력을 갖기 어렵다. …… 세상에 존재하는 수많은 우연한 발견 가운데 실제로 '발견'이라는 칭호를 획득하게 된 것은 몇 개나 될까? 그리고 원래의 실험 목적에 부합하지 않는다는 이유로 연구자가 관심을 기울이지 않거나 심지어 부끄러워하며 감춰버린 것은 얼마나 많을까?…[CR, pp.474-475.]

곧 열린 마음을 가지고 있어야 한다는 의미이다. 과학자 자신이 애초에 염두에 두었던 것 이외에도 얼마든지 중요한 현상들이 눈앞에 나타날 수 있고, 연구에서 목표했던 결과 이외에도 얼마든지 중요한 결과들이 도출될 수 있다. 이것을 놓치지 않고 '발견'이라는 칭호를 줄 수 있는 것은 오직 과학자 개인의 열린 마음뿐이다.

열린 마음이 필요한 곳은 또 있다. 바로 변칙사례exception와 관련된 곳이다. 변칙사례는 말 그대로 보통의 경우에는 잘 나타나지 않는 사건이나 현상을 지칭한다. 문제는 변칙사례가 나타났을 때 과학자가 어떤 마음으로 그것을 대하느냐 하는 점이다. 윈터는 대부분의 경우 과학자들이 변칙사례를 접할 때, 그 존재 자체를 부정하거나 그 중요성을 폄하한다고 지적한다. 하지만 변칙사례는 창의성이라는 측면에서 매우 중요한 의미를 갖는다는 것이 그의 주장이다. 물론 기존의 이론이나 법칙의 시각에서는 나타나지 않아야 하는 현상이 나타났다는 점에서, 기존 이론이나 법칙에 큰 혼돈을 가져올 수 있다. 하지만 윈터는 그 혼돈 역시 창의성을 위해 감내할 수 있다는 생각이다. 따라서 변칙사례를 접함에 있어서도 열린 마음이 중요하다는 것이다.

> …변칙사례들로 인해 당신은 S-곡선의 경사 부분인 불확실성의 영역으로 들어갈 수도 있고, 거기서 더 내려가 곡선의 바닥 부분인 완전한 혼란의 영역으로 들어갈 수도 있다. 그곳에서는 기존의 강고했던 법칙이 서서히 약해지거나, 심지어 아예 뿌리째 흔들리는 것을 볼 수도 있다. 만약 창의적 연구라는 것이 추구해 볼 만한 가치가 있는 목적이라 믿는다면, 기존 법칙이 흔들림으로써 오는 혼란은 창의적 연구라는 목적지를 향해 가는데 지불해야 할 차비 정도라고 할 수 있을 것이다…[CR, p.477.]

5. 세상에 공짜는 없다

창의적 연구는 아마도 모든 과학자들이 원하는 바일 것이다. 하지만 윈터의 지적대로 창의적 연구를 가로막는 장애물은 꽤나 크고 견고하다. 그 장애물을 넘기 위해 해야 할 일들을 윈터가 제안하고는 있지만, 사실 말처럼 쉬운 일은 아니다. 개인적으로는 열린 마음을 갖고 유지할 수 있도록 끊임없이 스스로를 성찰해야 하고, 또 외부로부터 주어지는 합의 강요나 표준규범 같은 것에 맞서 싸워야 한다. 과학자 스스로의 마음가짐이야 개인의 문제라고 하더라도, 외부로부터의 압력에 맞서 싸운다는 것은 큰 대가를 요하는 행위이다. 심한 경우 이러한 행위의 결과로 '사망선고'가 내려질 수도 있다. 하지만 세상에 공짜는 없다. 창의적 연구를 원한다면 그것을 위한 대가를 지불해야 한다. 윈터 식으로 표현하면, S-곡선의 바닥 부분으로 내려가는 도전을 감수해야 하는 것이다.

…이러한 도전의 결과로 돌아오는 것은 사망선고이다. 상대적으로 개화된 근대사회에서는 사회적 사망선고이지만, 덜 문명화된 과거 사회에서는 밀 그대로 육체적인 사망선고였다. 당신이 갈릴레이처럼 미래 세대에 의해 정당한 평가를 받으리라는 보장도 없다. (하지만) 싫든 좋든, 가장 큰 과학적 도전이 이루어지는 영역도, 그리고 가장 강렬한 지적 흥분이 유발되는 영역도 바로 이곳이다…[CR, p.473.]

참고문헌

Darden, L. 1980. "Theory Construction in Genetics," in T. Nickles, ed. *Scientific Discovery: Case Studies.* Holland: D. Reidel.

Encyclopaedia Britannica. 1974a. "Antibiotic," in *Macropaedia*, Vol. 1. Chicago and London.

Encyclopaedia Britannica. 1974b. "Jenner, Edward," in *Macropaedia*, Vol. 10. Chicago and London.

Encyclopaedia Britannica. 1974c. "Semmelweis, Ignaz Phillipp," in *Macropaedia*, Vol. 16. Chicago and London.

제8장 억압적 과학행위의 극복[1)]

양일국 · 김윤정 · 황수환

1. 문제제기

모든 과학행위에 적용할 수 있는 일반원칙의 정립이 가능한가? 만약 그것이 가능하다면 우리는 그 일반원칙에 입각해 이성적인 과학행위와 그렇지 않은 과학행위를 판별할 수 있을 것이며, 역사적으로 '성공한' 과학행위들이 이러한 일반원칙을 잘 준수했다는 점을 밝히는 것으로써 얼마든지 그 성공의 원인과 배경을 설명할 수 있을 것이다. 또한 그 일반원칙을 바탕으로 현재 진행 중이거나 착수할 예정에 있는 연구에 대해서도 신뢰할 만한 지침을 제시할 수 있을 것이며 연구자들은 그것을 성실히 따르는 것만으로도 성공적인 결과를 기대할 수 있을 것이다.

저명한 과학철학자 파이어라벤드(Paul Karl Feyerabend, 1924-1994)는 다수의 저작을 통해 이러한 과학의 일반원칙의 정립이 가능하지도

---

1) Feyerabend, P. 1987. *Fairwell to Reason*, in P. Feyerabend, FAREWELL TO REASON, London and New York: Verso, pp.280-319. 이하 FR로 표기함.

않으며 그러한 올바른 연구방법 또는 합당한 과학행위를 규정하려는 과학계의 관행이 결과적으로 수많은 과학자들의 창의성을 억압하는 악습惡習이라고 단언했다. *Farewell to Reason*(1987)의 제 12장 '이성이여 잘 있거라Farewell to reason'[2])은 이러한 그의 견해를 잘 보여주는 저작으로, 그는 이 논문을 통해 과학행위의 일반원칙이 존재하지 않음을 강조하면서 과도하게 미화되고 왜곡된 과학적 이성 또는 과학행위의 위상에 대한 올바른 이해를 역설하고 있다.

> …다음과 같은 주제를 다루고자 한다. 첫째, 과학적 이성의 구조와 과학철학philoshphy of science의 역할 둘째, 여타 인간행위에 대한 과학행위의 위상, 셋째 다른 인간행위의 중요성, 철학·종교·원리와 같은 추상적 논리와 이를테면 인본주의와 같은 추상적 이념의 역할 등이다…[FR, p.280.]

2. 과학의 구조

파이어라벤드는 과학행위의 일반원칙이 존재할 수 없는 근거로 과학행위의 양상과 그 결과 간에 일정한 상관관계가 없다는 점, 과거의 성공적인 과학행위들이 당대의 보편적 절차를 따르지 않고 모험적 시도를 한 결과임을 들었다. 또한 과거 몇몇 성공적 과학행위를 설명할 수 있는 공통적 특성이 있을지라도 그것이 다른 과학행위의 적실성까지 판별할 수 있는 이른바 보편적 기준이 될 수는 없다고 주장했다.

---

2) 1929년 발간된 미국의 소설가 E. 헤밍웨이의 장편소설 *A Farewell to Arms*가 통상 '무기여 잘 있거라'로 번안되는 것에 착안해 이와 같이 번역하였음.

…과학을 구성하는 현상들과 결과 간에는 상호 공유된 구조가 존재하지 않는다. 둘째, 모든 과학적 발견에 있어 공통적으로 포함되는 인자는 없으며 [있다 할지라도] 규명할 수 없다. (오컴, 버클리, 비트겐슈타인과 같은 학자들은 이른바 '의미의 이론'에 근거하여 이러한 공통 요소가 없는 한 '과학'이라는 단어의 의미마저 명확하지 않다고 비판했다.)

명료한 과학적 성과들 (예를 들면 정상우주론의 전복 또는 DNA의 발견) [이 도출되는 과정에는] 일단의 특성이 있어서 종종 이러한 특성들을 통해 해당 연구가 성공에 이를 수 있었던 이유와 과정을 설명할 수 있다. 하지만 모든 과학적 발견에 이와 같은 일정한 절차와 양상이 내재하는 것은 아니어서 과거의 과학적 성과를 설명하는 방식이 [당시에는] 타당할 수 있어도 이후 과학행위의 성과를 설명할 때에는 혼란을 야기할 수 있다. [그 이유는 우선] 성공적인 연구는 [연구 절차와 방법에 관한] 보편적 기준을 따르지 않고 그때마다 다른 [형태의] 모험을 시도하며 연구과정에서 진전[의 여부와 정도]가 항상 연구자에 의해 인지되는 것은 아니기 때문이다…[FR, p.281.]

…3자의 입장에서 우리가 [이러한] 어려움을 겪고 있는 과학자들을 위해 해줄 수 있는 것은 첫째, 경험을 통해 알게 된 어림짐작 또는 그와 유사한 역사적 사례를 알려주거나 둘째, [연구가 진행되는 과정에서 조우하게 되는 여러] 분기점을 포함한 진행 절차를 제시해주고 셋째, 연구과정에 내재한 복잡함을 설명해줌으로써 그들이 곧 빠지게 될 [미지와 불확실성의] 늪에 대비하게 하는 것이다…[FR, p.281.]

…[과학을 통해 해결해야 할] 문제 상황이 본래 그러한 탓에 우리가 이것들 외에 딱히 해줄 수 있는 것은 없다. [왜냐하면] 지식[의 생산과정과 규준]을 보다 상세하게 서술하려는 이론은 [그만큼] 현실과 동떨어지게 되기 때문이다. 이는 이론의 논증방식이나 그것을 다루는 과학자들 탓일 수도 있지만 [본질적으로] 이론들은 모든 상황에 적용될 수 없는 한계를 갖기 때문이다. 비유컨대 이는 마치 고전 발레 워킹으로 에베레스트 산을 등반할 수 없는 것과 같다.

위에서 논의한 내용, [즉 모든 상황에서 통용 가능한 이론은 존재할 수 없다는 주장은 이미] 나의 *AM*과 *Philosophical Papers*(캠브릿지, 1981)에 역사적 실증사례와 더불어 소개하였으므로 새로운 것은 아니다. [이 저술의] 6장 4절에 쓴 바와 같이 [이러한 입장에 서 있는] 철학자로는 저서 *On Liberty*(1859)를 통해 자유의지론적 인식론을 훌륭하게 해설해준 밀(J. S. Mill, 1806-1873)을, 과학자 중에서는 볼츠만(Ludwig Eduard Boltzmann, 1844-1906), 마흐(Ernst Mach, 1838-1916), 아인슈타인(Albert Einstein, 1879-1955)과 보어(Niels Henrik David Bohr, 1885-1962) 그리고 이 시기에 이미 [이러한 관점에서] 철학적으로 완고한 태도를 보인desiccated way 비트겐슈타인(Ludwig Josef Johan Wittgenstein, 1889-1951)을 들 수 있다. 이들의 영향력은 유익한 것이어서 그들이 없었다면 현대 물리학, 상대성과 양자역학 그리고 이후에 전개된 심리학, 생물학, 생화학, 소립자 물리학의 혁명적 전개는 불가능했을 것이다. 그러나 그들의 발상이 [유독] 철학에 끼친 영향은 그다지 크지 않았다. 단적인 예로 이 시대 가장 급진적인inconoclastic 철학사조인 신실증주의마저도 철학이 지식과 행동에 대한 일반원칙general standard을 제시하고 정치와 과학은 그것을 수용하기만 하면 된다는 구태의연한 입장을 보였다. 그러나 과학의 혁명적 발견들, 예술을 보는 흥미로운 관점 그리고 예상치 못한 큰 발전을 거둔 정치를 목도하면서 근엄하던 비엔나 서클Vienna Circle은 부실하고 편협하게 지어진 사고의 틀을 철회하게 되었다. 그들은 더 이상 과학을 역사[적 발전 단계]와 연관 지어 이해하려 하거나 과학적 사고와 철학적 추론의 긴밀한 연계를 강조하지 않았다. 그로인해 철학이나 역사로부터 비롯된 과학과는 상관없는 문제를 다루거나 이질적인 전문용어를 쓰는 일은 중단되었다.

플렉(Ludwik Fleck, 1896-1961), 폴라니(Michael Polanyi, 1891-1976), 쿤(Thomas Samuel Kuhn, 1922-1996)은 (오랜 시간 뒤이기는 하지만) 위와 같은 방식으로 형성된 학파resulting school philosophy와 그들이 주장한 것-즉, 과학-을 대조하고 그 허구적 속성을 밝힌 첫 번째 학자들이다. 이들에 따르면 그 철학자들은 연구문제풀이에 기여하지 못했으며 그 연구과정 또는 결과가 일정한 발전 단계history로 귀결되지도 않았다. 그러면서도 그들은 자신들이 '논리적'이라는 허세를 포기하지 않았다. 그리고 맥락을 고려하지 않은 채 주로는 쿤으로부터 나온 용어들('패러다임', '위기', '혁명' 등등)을 써가며 자신들의 허세를 치장하고 복잡한 교리를 만들었으나 실재reality에 다가가지도 못했다. 반면 쿤 이전의 실증주의는 역시 유치하긴 마찬가지였지만 상대적으로 주장하는 바가 명확하기는 했다(여기에는 실증주의라는 찻잔에 피어오른 작은 김 정도로 볼 수 있는 포퍼도 포함된다).

임레 라카토시(Imre Lakatos, 1922-1974)는 쿤의 도전에 맞섰던 유일한 철학자였다. 그는 자신만의 학문적 토대와 무기로 쿤과 싸웠다. 그는 실증주의(검증, 반증가능성)가 과학자들을 계몽시키거나 그들의 연구를 도와주지 못했다는 점은 인정했다. 그러나 과학연구를 일정한 발전 단계와 결부시킬수록 연구과정에서 지켜야 할 규범이 상황에 따라 일정치 않게 돼버린다는 점은 수긍하지 않았다. 이것은 아마도 처음으로 장황한 발전단계_{history}를 자신들의 실제 연구에 결부시켰다가 예상대로 되지 않자 혼란스러웠던 합리주의자들의 반응이었던 것 같다. 그러나 그들은 라카토시가 말한 것처럼 같은 대상_{material}에 대한 임의한 언구는 곧 과학적 연구절차들이 일단의 구조를 공유하는 방법적 규범을 따르고 있음을 보여준다고 주장했다. [연구자들의] 생각이 공인된 일정한 발전단계를 거쳐 진행되기에 우리는 과학의 이론을, 더 포괄적으로 말하자면 [무엇이 합리적이고 무엇이 그렇지 못한지를 판정해줄 수 있는 이른바] 합리성의 이론을 도출할 수 있다는 것이다.

『철학논문』 2장 10절과 AM에서와 마찬가지로 나는 이러한 주장을 반박하고자 했다. 나의 논증절차는 부분적으로 추상적·역사적이며, 라카토시의 역사 설명에 대한 비판이 주를 이루고 있다. 몇몇 비판론자들은 [내가 제시한] 역사적 사례가 내 주장의 근거가 되지 못한다고 비판한다. 그러나 만약 내가 옳다면-물론 나는 내 주장이 옳다고 확신하고 있다- 마흐, 아인슈타인, 보어의 견해를 다시 상기할 필요가 있다. 그렇게 된다면 과학의 이론을 규명한다는 것은 불가능해진다. 우리가 가진 것은 오직 연구 절차와 그 사이에 나열되는, 우리의 연구를 도와줄 수도 있고 한편으로는 헤매게 할 수도 있는 어림짐작의 경험적 방법들뿐이다. 그렇다면 우리가 헤매고 있다는 것을 알게 해주는 기준은 무엇인가? 그때 그때 상황에 따라 [급조된] 기준들인데 그 적절함을 어떻게 판별할 수 있는가? 우리는 연구를 진행하면서 그 기준을 적용해보게 된다. 그런데 연구 성과를 판별하는 그 기준은 단지 현상과 절차를 판별하는데 그치지 않고 종종 [역으로] 그 현상과 절차에 의해 구성된다. 그리고 그것들은 이런 모순적 또는 다른 어떤 연구에도 적용될 수 없는 방식으로 서술될 수밖에 없다(AM, p.26.).

이것이 과학 [행위의 설명과 예측을 가능케 하는] 이론의 존재 자체 및 가능성을 부정하거나 '좋은 과학을 구성하는 요소의 실증적 판별'이 어려울 것이라는 내 입장을 비판하는 이들에게 내가 주는 간결한 답변이다…[FR, pp.281-283.]

…한편 마흐, 아인슈타인과 비트겐슈타인의 관점에서 볼 때, 이

론을 정형화된 형식으로 정의할 경우 과감한 추측speculative이 어려워질 뿐만 아니라 이러한 추측 능력을 어떤 틀에 가둬 사장시키는 자체가 과학(예술, 종교 등도 마찬가지)의 종말임을 자인하지 않을 수 없다. 이는 중대한 사고체계의 결함lack으로 귀결되며 이런 식이라면 특히 물리학·천문학과 같은 순수과학을 놓고 다음과 같은 사안으로 인해 논란이 시작될 것이다. 이는 [단지] 내가 그 학문들에 대해 매료되어 있거나 혹은 인류가 주목하는 [이 분야의] 최강자들을 혼란스럽게 하기 위해서가 아니라 다음과 같은 이유 때문이다. 우선 과감한 상상력은 실증주의자들과 그들의 고무된 적들, 즉 환영받지 못하는 철학으로 단련된 '비판적' 합리주의자들의 무기이다. 그리고 그 무기를 어떠한 틀에 가둬 무력화시킨다면 그들의 학문도 종언을 고하게 될 것이다…[FR, p.283.]

    …나는 새로운 과학의 이론을 찾자는 것이 아니라 그러한 이론을 찾는 것이 합당한 것이냐고 반문하면서 그렇지 않다고 결론내고 있을 뿐이다. 즉, 과학을 이해하고 발전시키기 위한 지식은 이론들로부터 나오는 것이 아니라 [실천적] 참여에서 비롯된다. 그런 이유로 위에 언급한 사례연구들은 '실상real account'을 누락할 수 있거나 누락해야 할 만큼 세부적이지 못하며 그 사례들은 실상 그 자체이다. 나를 비판하는 사람들은 내가 지식과 과학을 규명하는 이론이 있을 수 없음을 확신하고 있다고 믿는데 이는 내 주장의 일부만을, 더구나 그 외 나머지 부분에서 얘기한 내 생각을 엉뚱하게 이해했기 때문이다. 따라서 그들의 논리적 반박이 실패하는 것은 놀랄 일이 아니다…[FR, pp.283-284.]

    파이어라벤드는 모든 과학행위에 적용 가능한 올바른 절차, 규준과 같은 공인된 형식을 정립할 수 없다면 모범적이거나 열등한 과학행위가 따로 존재할 수 없으므로 결국 모든 형태의 과학행위가 다 허락돼야 한다고 보았다. 더불어 그는 이러한 '무엇이든 허락돼야 한다'는 표현이'연구를 아무렇게나 해도 된다'는 방종放縱의 의미가 아니라 과학사회가 연구자에게 연구 대상 및 방법을 강요해서는 안 된다는 뜻임을 분명히 했다. 또한 자유로운 과학행위는 한편으로 과학사회가 통상적으로 요구하는 '적정 수준'을 넘는 치밀함과 다양하고 깊이 있는 사고를 의미할 수도 있다. 따라서 그의 견해대로라면 필요 이상 연구의 규준과 절차를 강요하는 과학사회도 문제이지만 그 사회가 요구하는 '적정수준'만큼만 하면 된다고 믿거나 그것마저도 하지 않겠다는 이른바 '게으른 무정부주의자'들도 비판받아 마땅하다. 또한 저자는 과학자라면 관례적으로 그 타당성을 의심하지 않는 각종 연구방법과 규준까지 비판과 검증의 대상으로 여기는 윤리적 자세를 가져야 한다고 강조했다. 만약 이러한 윤리의식을 가진 과학자라면 자신이 그 타당성을 정확히 이해하지 못한 방법과 규준을 무비판적으로 연구과정에 차용하지 않을 것이다.

> …소위 나의 '무엇이든 허락돼야 한다'는 구호slogan를 지지하고, 그 구호대로라면 연구를 쉽게 성공할 수 있다고 믿는 사람들에게도 비슷한 지적을 할 수 있다. 이러한 게으른 '무정부주의자anarchist' 또한 내 의도를 오해하고 있다. 분명히 그들에게 반론하지만defend '무엇이든 허락된다'는 구호는 '아무렇게나 해도 된다'가 아니라 원칙을 존중하지만 [그 실체가 분명하지 않은 올바른 연구 성과 도출의 절차와] 단계를 필요 이상 심각하게 받아들이는 합리주의자들에게 요구하는 '규범'이다. 한편 더 중요한 대목은 과학행위의 적절함을 평가할 '객관적인' 기준이 없다는 말은 적당히 해도 된다less work는 뜻이 아니라 과학자는 철학자들과 널리 인정받는 과학자들이 과학의 고유한 특성으로 간주하는 방법 외에도 그들 사이에 통용trade되는 모든 접근방식ingredients을 세심하게 검토해야 한다는 뜻이다. 따라서 과학자들은 더 이상 "우리는 이미 적합한 연구방법과 규준standard을 알고 있으며 그저 배운 대로 적용하는 일만 남았다"고 말해서는 안 된다. 나 또한 AM에서 강조했던 바지만 마흐, 볼츠만, 아인슈타인 그리고 보어에 의해 주창된 과학자의 윤리에 대한 견해를 다시 얘기하고자 한다. 과학자들은 다른 곳에서 차용해온 각종 규준들을 연구과정에서 올바르게 준수할 책무뿐 아니라 그 규준 자체[의 타당성]에 대해서도 책임지려는 자세를 가져야 한다.

[대부분의 사람들이 의심하지 않는] 논리규범의 타당성까지 검증의 대상이 될 때, 그것은 때로 일부 수정되기도 했다(양자이론에서의 몇몇 사례를 참고하라)…[FR, p.284.]

저자는 결국 이 사회가 올바른 윤리의식을 가진 과학자에게 큰 폭의 자유를 주어야 한다고 보았다. 그리고 여기서 말하는 자유는 보편적인 틀에서 벗어난 모험적인 연구를 하는 과학자를 비이성적이라고 배척해서는 안 된다는 의미를 갖는다. 왜냐하면 갈릴레오의 경우처럼 과학사에서 획기적인 연구성과들은 해당 사회의 통념 또는 각종 도구의 한계 등으로 인해 당시에는 대범하게 주장된 사례가 적지 않기 때문이다. 즉, 과학자들에게 연구대상을 바라보는 관점에 있어서, 그리고 명확한 확증 없이도 어떠한 가설을 주장할 수 있는 두 가지 자유를 줘야 한다는 것이다. 그러나 과학자를 후원하는 각종 스폰서, 논문심사기관 등은 가급적 모험적이지 않은 연구를 선호하는 경향이 있어 과학자들은 후원자들의 선호에 맞는 성격과 형태의 연구에 치중하게 되고 결과적으로 이러한 고착된 관행이 과학자의 자유를 억압하는 기제로 작용해왔다는 것이다.

…이러한 교훈은 '기발한 생각을 하는 연구자great thinker'를 한편에 두고, 다른 한편에 편집자, 스폰서moneybag, 과학자 후원기구를 놓는 구도에서 더욱 의미심장하다. 전통적인 관점에 따르면 보편적이지 않은 아이디어를 가진 과학자와 후원할 대상을 찾는 기관들은 어떤 면에서 공통적 성향을 가지는데 바로 둘 다 "필요에 의해 선택한다는rational" 점이다. [스폰서들은 모험적인 시도를 하는 과학자를 후원하려 하지 않기 때문에] 과학자들이 스폰서를 찾기 위해서는 자신들의 연구가 파격적인 것과 거리가 있다는 점을 보여줘야 한다. 내가 지지하는 관점에 따르면, 과학자와 그들을 평가하는 후원자들은 [이러한] 상호 공통된 합의기반을 다져야 하는데 이로 인해

"거래는 자유롭게free, 무언가에 의해 계도되지 않아야 한다not guided"
는 기본 원칙standard slogan은 유명무실해지고 만다.

　이러한 상황에서 제멋대로인anarchic 과학자가 더 많은 자유를 누려야 하는 까닭은 두 가지 측면에서 설명할 수 있다. 첫째, 특정한 법칙에 얽매이지 않고 [연구대상을] 이해하는 '열린 거래open exchange' 의 필요성이다. 둘째, 때로는 검증 없이도 [어떤 가설을] 받아들일 필요가 있기 때문이다. AM과 SFS에 따르면 한때 터무니없다고 판정된 아이디어가 추후 발전적인 결과로 이어진 사례들이 후자의 필요성을 뒷받침하고 있다. [FR, pp.284-285.]

　…갈릴레오는 [자신의 주장이 받아들여지지 않자] 그냥 불평만 한 것이 아니라 적극적으로 가용한 최선의 수단을 동원해 반대파를 설득하려 했다. 이때 그가 동원한 수단들은 종종 [당시의] 전문적 규범에 어긋나는 것들이었으며 심지어 상식과 위배된 것들도 있었다. 바로 여기에서 갈릴레오의 연구과정이 [일부분] '제멋대로 anarchic'였음을 알 수 있다. 그러나 이러한 설득방법은 일상적 용어로 표현 가능한 나름의 타당성reason을 지녔으며 [그로 인해] 때로 [반대파 설득에] 성공하기도 했다…[FR, p.285.]

3. 사례연구들을 통한 재반론

　파이어라벤드의 이와 같은 주장은 많은 학자들로부터 다양한 반론을 불러 일으켰고 그에 따라 본 논문에서 상당부분을 제기된 비판에 대한 재반론에 할애하고 있다. 비판론자들은 저마다 다양한 근거와 사례를 제시하고 있지만 대개 과학의 발전이 일정한 단계와 절차 또는 접근방식을 통해 진행된다는 전제하에 저자를 반박하고 있다. 즉, 저자는 갈릴레오의 경우처럼 대범하고 모험적인 시도가 과학발전의 계기가 된다고 보는 반면 비판론자들은 모험적인 시도와 그 성과가 일견 하나의 일탈처럼 보이지만 역시 정형화된 과학발전의 한 단계

또는 절차로 설명될 수 있다는 논리를 펴고 있다. 먼저 군나르 안데르손은 저자의 주장에 대해 갈릴레오의 시도가 대범하고 모험적인 시도라기보다는 비판적 합리주의의 논리에 따라 과학적 성과를 이뤄낸 것이라 반박하였다. 이에 대해 저자는 비판적 합리주의의 두 전제와 갈릴레오의 사례가 모순되고 있음을 지적해 재반론하였다.

⋯군나르 안데르손(Gunnar Andersson, 1874-1960)은 갈릴레오의 사례가 '지나치게 단순하고 순진한 반증주의'를 초래할 우려가 있으나 이것이 이론과 관찰자 모두 오류를 범할 가능성이 있다는 철학의 정당성까지 위협하지는 않는다고 주장했다. 이후 논의하게 될 갈릴레오의 가정에 대한 내 설명에 대해서도 그는 내가 포퍼의 잠정가설ad hoc hypotheses의 정의를 이해하지 못했다고 하였다. 그에 따르면 이 가설은 [예외적] 현상들effects을 설명하는 동시에 그 현상이 발생하는 [설명]체계system의 반증가능성을 낮추기 위한 것이다.

이제 갈릴레오의 가정이 어떤 결과로 이어졌는지 분명히 살펴보기로 하자. 그는 '피사의 사탑에서의 낙체실험3)'을 통해 코페르니쿠스에 반대하는 이들도 일부 사례에 대해서는 수용하지 않을 수 없도록 설득했으며, 아리스토텔레스의 역학 일부를 논박해 그의 지지자들도 수긍하게 만들었다(*AM*, pp.99f). 그가 논박한 아리스토텔레스의 역학 이론은(*Physics*의 1, 2, 4, 8장에서 설명했다) 운동loco motion, 발생generation, 변형corruption, 형질변화qualitative change(아리스토텔레스가 종종 예로 들었던 것처럼 무지한 학생이 잘 아는 선생에게 지식을 전수받아 생기는 변화까지를 포함하는), 증가와 감소 등과 관련한 [포괄적인] 일반원칙이라 할 수 있으며 다음과 같은 정리定理, theorem를 포함하고 있다. 모든 운동은 앞서 있었던 운동에 의한 결과다. 즉, 운동에는 최초의 운동unmoved cause of motion을 시작으로 서열hierarchy이 존재하며 모든 운동은 최초 운동으로부터 (기울기 및) 속도를 일정하게 유지한 채 분파되어 나간다. 움직이는 대상의 이동

---

3) [원문 주] 이 실험에 따르면(*AM* 7장), 지구가 자전한다면 탑 위에서 떨어진 돌은 지구가 움직인 만큼 탑 뒤편에 떨어져야 하지만 결과는 그렇지 않았으므로 지구는 자전하지 않는 것으로 보았다. 이 논의는 (즉, 아리스토텔레스의 관성의 법칙 논의는) 힘의 영역을 벗어난 물체는 정지 상태로 되돌아가려 한다는 가정을 하고 있다. 당시에는 이 가정이 받아들여졌으며 코페르니쿠스의 혁명 및 초파리의 알, 박테리아, 바이러스의 존재가 밝혀지고 난 이후에도 한참 동안 통용되었다.

시간은 정확한 측정근거가 없으며 대상이 무엇인지에 따라 다르다. 그리고 정확한 이동시간을 말하는 것은 [언젠가] 그 운동이 멈출 것이라는 가정에 의한 것 등이다. 첫 번째 정리는 이 세계가 질서 정연한 집합체라는 가정에서 비롯된다(오늘날 이는 우주의 기원에 대한 빅뱅이론Big Bang theory 또는 중첩된 파속wave packet의 감소는 의식에 의한 것act of consciousness이라는 위그너(Eugene Wigner, 1902-1995)의 생각을 반박하는 근거가 된다). 아리스토텔레스의 연속성에 근거한 마지막 정리는 양자이론의 토대로 이어졌다(8장의 이에 관한 세부 내용 참조). 아리스토텔레스의 운동 이론은 일관성을 보여주었고 상당한 수준의 지지를 받았다. 이는 물리학 연구의 자극제가 되었으며(예를 들면 전기電氣, electricity, 하일브론(John L. Heilbron, 1934-)의 *Electricity in the 17th and 18th Centuries*, University of California Press 1979 참조) 이것이 생리학, 생물학과 역학疫學, epidemiology 등에 끼친 영향은 19세기 말을 거쳐 오늘날에도 이어지고 있다. …갈릴레오가 한 일은 무엇인가? 그는 아직 확증성이 부족한 자신의 관성 법칙을 운동에만 적용해 체계system의 반증가능성을 과감하게 줄였으며 이미 관성의 법칙(작용하는 힘이 없을 때 발생하는 일을 설명)과 힘의 법칙(힘이 운동에 어떤 영향을 주는지를 설명)의 구분을 포함한 복잡하고 정교한 이론으로 [기존의 이론을] 대체하였다.

안데르손이 지지한 '철학' [또는] 관찰명제observational statement의 반증 가능성, 즉 [포퍼식] 비판적 이성주의Critical rationalsim에 관해 얘기하자면 이는 과학자들을 인도하는 유익한 관점일 수도 있지만 어떤 [연구] 절차와도 조화를 이룰 수 없는 공허한 얘기일 수도 있다. 포퍼 지지자들Popperians은 [반증가능성을 살피는 것이] 첫 번째라고 말한다(어떤 이성도 명제를 부정crossed out할 수 없다는 노이라트의 주장 배격). 이는 이론이 상당한 확증성을 가져야 한다는 생각을 그들이 반박하는 이유이다. 갈릴레오의 망원경 관찰은 이러한 요건을 충족하지 못했다. 관찰 결과는 모순적이었고 모든 사람들이 그런 방식으로 관찰할 수 있는 것도 아니었다. 또 그러한 방식으로 관찰해본 사람들(예를 들면 케플러)도 애매한 결론을 얻는데 그쳤으며 현상으로부터 관찰된 '환영phantom'과 유리된 이론은 존재하지 않았다(안데르손이 말한 물리광학physical optics은 이와 무관한 얘기다. 이 논의의 기본 명제는 광선ray of light에 관한 것이 아니라 눈에 보이는 영역의 위치, 색, 구조에 관한 것이다. 그리고 첫 번째와 두 번째의 상호 관련성을 보여주는 일반적 가설은 쉽게 반박될 수 있다(*AM*, p.137. 참조). 그런 면에서 갈릴레오의 기본 명제는 [당시로서는] 확증성이 없는 대담한 가설이었다. 안데르손도 여기에는 동의했다. 그는 말하기를 확정적인 증거를 얻기 위해서(그리고 라카토시가 멋지게 표현해준 것처럼 기존에 굳건히 자리 잡은 '시금석試金石 이론'touchstone theory과의 연계성을 가지려면) 시간이 필요하다고 했다. 위에서 언급한 비판적 합리주의의 첫 번째 설명에 의하면 탐색과정에 있는 진술은 [다른 이론에 대한] 반박력을 가지지 못한다. 안데르손과 같은 사람이 갈릴레오가 그의 관찰을 통해 [당시의] 일반적인 시각을 반박했다고 말한다면, 기본명제basic statement는 어떤 상황에서도 사용될 수 있다는 비판적 합리주의의 두 번째 설명과 상충하게 된다. [결국 안데르손은] 중요한 것을 장황하게 설명한 듯하지만 이는 공허한 이야기인 셈이다…[FR, pp.285-287.]

위태커(T. A. Whitaker)는 갈릴레오가 그린 달 그림이 최근의 발달된 도구를 이용해 관찰한 것과 비교해도 우수한 수준이라며 그가 매우 정확한 관찰을 통해 기존의 학설에 이의제기를 한 것이라 주장했다. 따라서 갈릴레오는 모험적이고 일탈적인 시도를 한 것이 아니라 객관적인 관찰결과를 바탕으로 기존 이론의 대안을 제시한 것으로 봐야 한다는 것이다. 이에 대해 저자는 갈릴레오가 당시 달을 관찰하면서 사용한 도구가 당시로서는 합리적인 것으로 받아들여지기 어려웠다는 점을 반론의 근거로 제시했다. 또한 갈릴레오와 케플러와의 대화를 통해 갈릴레오 역시 당시의 관습과 문화적 영향에 의해 객관적으로 달을 관찰하지 못했다는 정황을 제시했다.

   …다음으로 위태커가 Science지(1980년 5월 2일과 10월 10일)에 두 차례에 걸쳐 실었던 비판에 관해 이야기해본다. 위태커는 달을 그린 그림에는 두 종류가 있는데 목판화woodcut(내가 AM에서 소개했던)와 현대적 시각에서 볼 때 달을 더 정확히 표현한 동판화copperplate다. 위태커는 동판화를 근거로 갈릴레오를 내가 묘사한 것 보다 훌륭한 관찰자로 평가하고 있다.

무엇보다 먼저 나는 관찰자로서 갈릴레오의 능력을 결코 의심하지 않음을 말하고자 한다…[FR, pp.287-288.]

…나는 두 가설을 언급했다. 첫째, 당시 망원경으로 본 시야vision의 일반적 특성에 관한 것과 맨 눈으로 본 것들을 인식하는 데 어떤 역사적 맥락history이 개입한다는 것이다(예를 들면 천문학의 시각적 요소와 회화, 시 등의 조합에서 발견되는).

둘째, 동판화와 관련해서 그것이 달을 관측한 갈릴레오의 모든 견점을 해결한 깃은 아니라는 점이다. 갈릴레오는 그림을 그렸을 뿐만 아니라 관찰결과에 대해 다른 사람의 견해를 묻기도 했다. 예를 들면, 그는 (AM, p.127.) '왜 우리는 상현달의 서쪽 면과 하현달의 동쪽 둥근 면, 그리고 보름달에서 거칠고 울퉁불퉁하거나 물결 같은 모양을 볼 수 없는가? 왜 그 둥근 면들이 완벽한 원처럼 보이는가?'라고 케플러에게 물었다. 케플러는 육안으로 관찰한 것을 전제로(AM, p.127. fn.24 참조) '보름달이 떴을 때 당신이 주의 깊게 관찰한다면 [그 모양이 완벽한] 원으로는 부족하다는 것을 확인할 수 있을 것이다'라고 말했다. 그리고 '나는 당신이 이 문제에 진지하게 접근한 것인지 의문이다. 아니면 달의 외형에 대한 판단이 관습popular impression에 의한 것일 수도 있다. 내 생각에 보름달이 뜬 기간 동안 달의 외형outermost에 대한 당신의 판단은 불완전한 것 같으니 이 문제에 대해 다시 연구해보고 달 모양이 어떻게 보이는지 말해달라'고 하였다.

셋째, 이 단편적인 대화에서 볼 수 있듯 갈릴레오 시기에 행해졌던 관찰결과의 [신빙성에] 대한 문제는 오늘날 우리가 보는 시각과의 비교·대조로는 해결될 수 없음을 보여준다. 갈릴레오가 '합리적'이었던 것이든 과학의 중대한 규준을 어긴 것이든, 그의 연구가 어떻게 진행된 것인지를 알기 위해서는 그의 업적과 제안들을 그가 살았던 시대surroundings를 참작해서 검토해야 옳은 것이지 [그가 당시로서는] 알지 못하는 미래의 상황을 놓고 얘기하는 것은 부당하다. 만약 갈릴레오가 보고한 현상을 아무도 납득하지 못했고, 그가 사용한 망원경을 이론적·실측적observational 입장에서 적합한 연구 도구로 신뢰할 수 없다면, 갈릴레오가 자신이 관찰한 것이 옳다고 우긴다거나push, 우리가 그의 연구결과를 놓고 신뢰하기 어려운 방법으로 얻은 것이라거나 독자적 확증성independent corroborations도 없다는 식으로 몰아세우는 것push이나 마찬가지로 비과학적이다. 이런 상황에서 [갈릴레오 같은 처지에 있는 과학자의 주장이] 과학적이기 위해서는(*AM*과 *SFS*에서 비판하였던) 기존의 토대$_{existing}$에 경의를 표하고, 그와는 다를 가능성이 있다는 식의 주장은 피하는 것이 상책이다.

나는 갈릴레오 시기에 행해졌던 [그의 주장에 대한] 반발에 대해 논의하기 위해 목판화를 거론했다. 재차 강조하지만 그가 그린 목판화가 현대에 와서 관측한 달의 모양과 일치하지 않는다고 해서 그가 나쁜 과학자라는 것은 아니다. 이러한 논의는 위에서 얘기한 바와 충돌하게 될 것이다. 내 입장은, 육안으로 본 달의 모양과 목판화는 다르며 그것은 갈릴레오와 동시대의 사람들도 마찬가지였다는 것이다. 그들 중 일부 역시 자신들이 육안으로 관찰한 것을 근거로 갈릴레오의 논문 *Sidereus Nuncius*를 반박하였을 것이다. 이러한 가정은 목판화를 언급하는 대부분의 책들을 이해하는데 있어 여전히 유용하다. [사람마다 다르게 본 달의 모습이] 목판을 새기는 과정에 영향을 줬을까? [물론] 그렇다. 위에 소개한 케플러의 충고에서 나타나듯이 말이다.

나아가 일부 사람들이 망원경을 신뢰할 만한 실측도구$_{producer\ of}$ $_{fact}$로 보지 않은 여러 가지 이유가 있다(*AM*에서 정리하고 있듯이 여기에는 경험적 이유와 이론적 이유가 있다). 갈릴레오가 그린 달 그림이 현대에 관측한 것과 비교해도 우수한 수준이라는, 위태커의 두 번째 대화에 나오는 주장은 [따라서] 이 논의와 아무런 관련이 없다…[FR, pp.288-289.]

본 논문을 통해 전반적인 어휘력의 부족에서부터 각종 기본용어에 대한 몰이해에 이르기까지 저자로부터 가장 혹독하게 비판받고 있는 존 워럴(John Worral, 1946-)은 갈릴레오의 업적이 일탈이나 모험에 의한 것이 아니라 이론적 규준에 따라 기존 학설의 보조가설 하나를 대체한 것이라고 주장했다. 즉, 이론 T가 C를 촉발한다고 할 때, C가 아닌 이례 C′가 관찰되어 결국 기존의 이론 T가 T′로 개선되었다는 것이다. 이에 대해 저자는 우선 C와 C′의 정확한 차이를 입증할 수 없다는 점과, C′를 입증할 수 있다고 해도 T′가 C′가 아닌 C를 촉발했을 때를 설명할 수 없다는 이론적 추론의 한계를 열역학의 사례를 통해 논증했다. 또한 워랄의 주장대로 갈릴레오가 새로운 '보조가설 auxiliary hypothesis'을 도입한 것이라면 그 가설 역시 기존의 중핵, 즉 절대운 동에 기반해야 하지만 갈릴레오가 운동학적 상대주의자 kinematic relativist 입 장이었음을 근거로 재반론하였다.

    …워랄은 경험적 사실과 이론적 사실을 구분하고 싶어 하지민 그것을 어떻게 해야 할지는 모르고 있다. 때때로 그는 심리학적으 로 논의를 전개한다. 즉, 그는 특정 영역에서 모든 전문가들이 인 정하는 사실과 그보다 더 논쟁을 불러일으키는 사실을 구분하고 있다. 이 부분에 대해서는 카르납(Rudolf P. Carnap, 1891-1970)이 그의 논문 '검증가능성과 의미Testability and Meaning'에서, 그리고 내가 그 논문의 2장에서 워랄보다 앞서 훨씬 명확하게 논의를 끝낸 바 있 다. 한편 그는 가끔 합의agreement가 심리학의 범위를 넘으며 사실 그 자체를 기반으로 하고 있는 것으로 가정하는 듯하다. 예를 들면, 경험적 사실보다는 이론적 사실이 이론에 더 잘 반영pervade되며 그 들은 '경험적 중핵empirical core'을 가지고 있다는 것이다. 나를 포함하 여 노이라트, 카르납은 그러한 [이론적] 사실들이 이론에 반영되는 경우는 많지 않다고 말할 것이다. 고대 희랍인들은 그들의 신을 직 접적으로 인식했다-그 과정에는 어떤 이론적 요소도 포함되어 있 지 않았다- 그러나 문헌학자들은 결국 그 근간에 복잡한 이념ideology 이 바탕하고 있으며 매우 단순한 신적 요소divine facts도 고단위의 복 잡한 구조에 의한 것임을 밝혀냈다(AM, 17장). 고전물리학자들과 [마찬가지로 오늘의] 우리는 우리가 속한 환경을 관찰자와 관찰대 상(우리는 그 대상을 안정적이고 변화하지 않는 것으로, 우리의 실 험이 그러한 안정성에 기반한 것으로 가정한다) 사이의 관계를 도 외시한 언어로 묘사하고 있다. 그러나 상대성 이론과 양자이론은 이 언어가, 즉 이러한 방식의 인식과 이러한 태도로 실험을 수행하 는 것이 [특정한] 우주론적 가정에 기초하고 있음을 보여주었다. 그러한 가정은 아직 명확하게 공식화되지는 않았다-우리가 그것에 대한 언급을 꺼리거나 단순히 경험적 '사실'이라고만 말하는 이유 가 바로 여기에 있다-. 그러나 그 가정들은 [우리가 인식하는] 모든 현상의 근간을 이루고 있다. 예를 들면 소위 경험적 '사실'은 속속 들이 이론적이다.

워랄은 그러한 판단은 반드시 중립적이어야 한다고 가정했다(이런 이유로 견고한 경험적 '중핵core'이 필요함). 즉, 그는 사실을 사용하는 과학자들은 다양한 이론을 실험하는 과정에서 그것들을 [임의로] 변용해서는 안 된다고 보았다. [그런데] 이러한 가정이 틀렸다는 것을 보여주기는 어렵지 않다. [예를 들면] 상대론자Relativists와 에테르파aether theoreticians는 심지어 관측의 영역에서도 다른 사실을 찾는다. 상대론자들에게 있어서 관측된 대상의 부피, 길이 또는 시간적 간격time intervals 등은 4차원적 구조가 특정한 유관 체계로 투사된 것을 의미한다(Synge in de Witt and de Witt, *Relativity, Groups and Topology*, New York 1964 참조). 한편 절대론자absolutists들에 있어 그것들은 물리적 대상의 속성에 내재하는 것으로 이해된다. 상대론자들은 때때로 상대론적 사실에 관한 정보를 전달하기 위해서, 그리고 어떤 특정한 상황에서는 고전적 설명들(고전적 사실들을 설명하기 위해 고안된)을 마지못해 차용하기는 하지만 그것이 고전적 해석을 수용한다는 뜻은 아니다. 반면, 그들의 자세는 마치 악마, 천사 등의 존재론에 대한 수용 없이 자신이 무언가에 홀렸다고 주장하는 환자를 대하는 정신과 의사와 닮아 있다. 과학적 논쟁을 포함한 우리의 일상적인 언어는 워랄이 상상했던 것보다 훨씬 탄력적이다.

워랄에 따르면 갈릴레오는 이른바 피사의 사탑 논쟁을 다음과 같은 방식으로 진정시켰다. 즉, 자전하는 지구와 아리스토텔레스의 운동 이론(힘의 영향을 받지 않는 대상은 멈춘다)결합에 의해 돌과 탑의 거리는 증가한다. 돌은 탑에서 멀어지지 않았다. 워랄에 의하면 갈릴레오가 말하기를, '그러므로 그 실험은 코페르니쿠스가 아니라 더 복잡한 이론적 체계를 논박한 것'이며, 당시 받아들여지던 체계system의 일부인 아리스토텔레스의 역학을 자신의 관성의 법칙으로 대체했다는 것이다. 여기에서 워랄은 뒤앙(Pierre Duhem, 1861-1916)의 이론-변화 분석theory-change analysis의 틀 안에 머물러 있다. 더 특이하게 그는 지구가 자전한다는 가정으로부터 직접적으로 이끌어낸 잘못된 진술(돌은 탑에서 멀어진다)로 반-코페르니쿠스 주의자들의 '논리적 오류'를 수정했다는 것이다. 여기까지가 존 워랄의 주장이다.

우선 첫째, 여기서 말하는 '논리적 오류'는 결코 반-코페르니쿠스주의자들이 저지른 것이 아니었다. 훌륭한 아리스토텔레스주의자라면 그들은 추론을 위해 적어도 두 개의 전제가 필요함을 모를 리 없다. 그들은 이 점을 명확히 했지만 다른 하나가 이론적으로 타당하며 높은 수준에서 받아들여진 탓에 오직 나머지 한 전제만을 향해 반증의 화살을 날렸다-지구의 자전-. 그렇지만 이는 지금 논의에서 별로 중요한 얘기는 아니다(단순한 반증가능성을 반박한 뒤앙에 대한 포퍼의 언급 참조). 둘째, 아리스토텔레스의 관성의 법칙을 대체한 것은 갈릴레오가 주도한 변화의 일부분에 불과하다. 아리스토텔레스의 법칙은 절대운동absolute motion을 서술하고 있으며 피사의 사탑 논쟁도 마찬가지다(떨어진 돌이 궤적에서 일탈할 것이라는 예측은 당연히 상대적인 변화를 가정한 것이다. 그러나 지금 논의에서 중요한 문제는 갈릴레오가 어떤 변화를 가져왔느냐지 그 변화를 이끌어내기 위해 그가 채택한 근거reason가 아니다). 만약 갈릴레오가 새로운 '보조가설auxiliary hypothesis'을 도입한 것이라면 그 가설 역시도 절대운동에 기반해야 한다. 즉, 그 보조가설은 기존 이론을 지지하는impetus 형태를 띠어야 한다. 그러나 갈릴레오는 점차 운동학적 상대주의자kinematic relativist가 되었다(AM, p.78. fn.10과 p.96. fn.15). 그래서 그의 보조가설은 기존 이론에 대한 장려 없이 작동해야만 했다. 따라서 그는 인식체계의 일부를 변화시켰을 뿐만 아니라(중심을 향해 직선으로 향하는 것이 아닌, 지구 또는 태양을 도는around 절대운동) 그 체계의 개념concept of the system을 대체하였다. 그는 (다른 이들이 준비해왔던) 새로운 세계관을 소개한 것이다. 뒤앙의 방법으로는 첫 번째 과정은 설명이 가능하지만 두 번째는 설명할 수 없다.

워랄은 또한 내가 다수의 이론을 논의하는 가운데 브라운 운동을 관련시키는 방법에 문제가 있다고 지적하였다. 이러한 비판은 순수한 철학적 접근이 갖는 한계를 멋지게wonderful 보여주는 사례로(Philosophical Papers의 2권 5장에도 설명되어 있다), 우리가 큰 관심을 가지고 주목할 만한 가치가 있다.

나는 AM의 3장에서 브라운 운동은 그것과 모순되고 있는 운동이론으로 분석할 때에만 현상론적 열역학의 두 번째 법칙에 어긋난다는 점을 언급한 바 있다. 워랄은 이 부분을 놓고 내가 무슨 말을 하는지 이해할 수 없다고 하였다. 어찌됐건 괜찮다. 사람이란 본래 모든 것을 다 이해할 수는 없는 법이니까. 워랄은 이 얘기를 이해하기 위해서 피진어 방식logic과 같이 그에게 익숙한 언어로 내 주장을 번역하였다. 그런 시도[자체]를 반대하지는 않겠다. 왜냐하면 나 역시 이해하지 못하는 얘기가 있다면 나만의 방식대로 재구성해 볼 것이기 때문이다. 그런데 워랄은 한발 더 나아가 나에게 왜 처음부터 내 논의를 그의 언어로 구성하지 않았느냐고 불평하였다. 그러나 그 주장은 내가 그에게 띄우는 개인적인 편지의 일부도 아니었으며 이론적 일원론monism을 지지하는 물리학자들을 위한 것이었다. 그리고 그들은 워랄과는 달리 내 주장을 완벽히 이해한 것으로 보인다. 한편 워랄은 자신만 이해를 못하고 있는 것은 문제 삼지 않고, 자신이 이해하는 언어만이 유일하게 합리적인 언어라고 주장했다. 그의 엉터리 번역이 보여주듯, 그는 분명히 실수하고 있다(예를 들면, 아직 확증할 수 없지만 널리 알려진 증거 또는 어떤 현상에 대해 그것을 말할 수조차 없다고 보는, 증거에 대한 그의 견해가 그렇다). 그 언어에 익숙한 원주민이 [어휘력이] 부족하여 [그 언어로] 특정 상황state of affair을 설명할 수 없을 때 [궁색한 변명을 하는 것처럼] 그는 이미 모순이 드러난 논리로 내 주장의 허점을 투사project하고 있다. 한편 나는 [워랄이 사용하는] 피진어보다 더 나은 언어들이 있다는 것으로 결론내고자 한다. 더 나은 언어로 표현하자면 내 생각을 아래와 같이 진술할 수 있다.

T라는 이론을 가정해보자(이것은 이론에 성립선행조건과 보조 가설 등을 포함한 총체적인complex 의미의 이론이다). 이론 T에 의하면 C가 발생할 것이라 했다. [그런데] C대신 C′가 발생했다. 이 사실이 알려지면, 누군가는 C′를 근거로 이론 T를 반박할 수 있다고 주장할 것이다(단, 나는 사실fact과 진술statement을 구분하지 않는다는 점을 말하고자 한다. 그 구분 탓에 논의가 진전되지도 못하거니와no step 그것을 구분하지 않는다 해도 현명한 사람들은 놀라지 않을 테니 말이다). 더 나아가 자연법law of nature의 존재로 인해 C와 C′를 분명히directly 구분할 수 없다고 가정하면, 그 차이를 우리에게 납득시킬 실험이라는 것도 존재할 수 없게 된다. 마지막으로 C′의 존재로 인한 어떤 특별한 효과effect를 이용한 다른 방법roundabout manner으로 C′를 규명할 수 있다고 가정해보자. 그러나 이 경우 대안적 이론 alternative theory T′에 의해 상정된 C의 존재를 확인할 수 없다. 그러한 효과의 예로서 C′가 거시과정macroprocess M을 촉발trigger하는 것을 들 수 있다(사전만 봐도 이 단어의 뜻을 알 수 있을 텐데 워랄은 '촉발한다'는 단어를 이해하는 데 어려움을 겪고 있다). 이 경우 T′는 T 및 T와 연관된 실험으로는 그 존재를 밝힐 수 없는, T를 반박하는 증거가 된다. 신이라면 M이나 C′만으로도 T를 반박할 증거가 될는지 몰라도 우리 같은 인간은 그 사실을 확신하기 위해서는 T′가 필요하다.

브라운 운동은 지금 막 설명한 상황의 특별한 사례이다. 즉, C는 열역학의 현상학적 이론에 따른 열평형 상태에서 통제되지 않은 매개체[미소입자]의 진행이다. C'는 운동이론에 따른 입자의 진행이다. 똑같은very same 파동을 가진 어떤 열 측정도구로도 우리의 특별한 사례에서 C와 C'를 구분해주지 못하므로, 둘을 실험을 통해 구분할 수는 없다. M은 브라운 운동에서 입자의 움직임이며, T'는 운동이론에 의한 것이다. 갈릴레오의 사례에서 볼 수 있듯, 우리는 하나의 보조가설이 다른 보조가설로 대체되었으며 그로인해 어려움이 해결됐다고 말하면서 위에 언급한 이러한 요소들이 뒤앙의 전략 안에 있는 것처럼 몰아간다press. 분명히 말하건데, 우리가 논의하는 이 시례에서 어떠한 어려움이 가설의 대체replacement를 추동한 것이 아니라, 가설의 대체로 인해 그 어려움을 인지하게 됐다고 보는 것이 더 타당하다. 그리고 워랄의 분석에는 이러한 양상이 보이지 않는다…[FR, pp.289-293.]

그리고 파이어라벤드는 과학이 엄정한 이론적 토대 외에도 더 복잡하고 다양한 양상을 동시에 가지고 있는 것으로 파악하고 있다. 또한 그 이론이란 것 역시 엄격한 논리를 통해서만 만들어지는것도 아니라는 점을 지적했다. 이를테면 일단의 공리와 가정을 받아들이는 과정에서 과학자들은 이른바 '느슨한 방법'을 사용하는데 결국 그 과정에서 연구자의 배경지식, 직관 또는 개인적 성향 등이 개입할 여지가 있는 것이므로 그가 보는 과학은 오히려 예술에 더 가까운 것이라할 수 있다.

이안 해킹(Ian Hacking, 1936-)은, 내가 과거에 썼던 저작들 및 AM의 일부에서 언급한 것보다도 과학이 더 복잡하고 다양한 형태를 가지고 있다고 생각했으며, 나는 이와 같은 그의 생각에 전적으로 동의한다. 나는 과학의 요소들과 그 관계를 아주 단순하게 보았다. 과학에는 분명 이론이 있다. 하지만 이론만이 과학의 전부는 아닐뿐더러, 그 이론이란 것도 확실한 설명이나 여타 논리적 산물로 적절히 분석될 수 있는 것도 아니다. 우리는 공리적 형식화axiomatic formulations가 있다는 것, 일부 과학적 사고는 정확한 방식으로 설명했다는 것을 인정할 수 있다. 또한 과학자들이 때때로 이러한 노력의 결과에 의존해서 연구하기도 한다는 것 역시도 받아들일 수도 있다. 그러나 과학자들은 다른 영역domain들에서 도출한 공리를 조합하는 다소 느슨한 방법way을 사용한다. 즉, 그들은 논리의 단순한 형태밖에 모르는 철학자들이 보면 기겁하여 나자빠질 만한 방식을 사용하는 것이다. 논리 그 자체는 지금 형식논리화formulization가 자유롭게 사용되고, '인류학적' 고려(유한주의finitism)가 중요한 역할을 하는 단계로 접어들고 있다. 요컨대 과학 연구enterprise는 나이 진득한 논리학자와 과학 철학자들(특히 나)이 한때 생각했던 것(이와 관련해 내 글을 참고. *Wissenschaft als Kurst*, Frankfurt 1984)보다도 훨씬 더 예술에 가까운 것으로 보인다…**[FR, p.293.]**

파이어라벤드는 과학행위가 엄정한 방법론적 규준하에서만 진행되는 것이 아니라 연구자 개인의 성향과 직관 등이 얼마든지 개입될 수 있다는 측면에서 과학이 예술에 가까운 것이라고 보았다. 따라서 그 둘의 차이는 단지 무엇을 재료로 사용하였느냐에 있다고 주장했다. 예를 들어, 음악이라면 어떤 음률과 리듬을 썼는지, 회화의 경우라면 아크릴이나 유화, 페인트 등 어떤 물감을 사용하였는지, 조소라면 그 재료로 대리석을 사용했는지, 아니면 동이나 주석 등 어떤 금속을 사용했는지가 그것이다. 과학도 마찬가지이다. 과학이 사용하는 재료는 바로 생각, 즉 사고思考, thought이다.

…나는 1950년에 비트겐슈타인의 *Philosophical Investigations*를 읽고서 처음으로 이론들 및 관찰 보고서에 나타나는 뚜렷한 특징과 관련해서 과학의 정체에 대해 의문을 품게 되었다. 나는 지금도 이러한 의문들을 추상적으로 개념의 문제(공약불가능성incommensurability; 설명이론의 '본질적' 요소)라고 표현한다. *AM*의 17장에서부터, 나는 과학과 과학 철학 둘 다에서 추상적 절차가 과연 타당한가에 대해 질문을 하기 시작했다.여기서 나는 3권의 책을 통해 깨닫게 되었는데, 바바라 파이어

라벤드가 나한테 추천해준 브루노 스넬(Bruno Snell, 1896-1986)의 대작 *Discovery of the Mind*, 하인리히 샤페(Heinrich Schaefer, 1868-1957)가 쓴, 주체의 문제 그 이상의 중요성을 다룬 *Principles of Egyption Art*, 그리고 바스코 론치(Vasco Ronchi, 1897-1988)의 *Optics, the Science of Vision*이 그것이다. 여기에 파놉스키(Panofsky, 1892-1968)의 예술의 역사에 대한 저작(특히 그의 혁신적인 에세이 *Die Perspektive als Symbolische Form*)과 예술적인 상대론이 간명히, 그리고 강한 논조로 기술되어 있는 알로아 리글(Alois Riegl, 1858-1905)의 *Spätrömische Kunstindustrie* 를 추가할 것이다. 이와 같은 주장들을 과학으로 확장시키기 위해서는 과학자도 예술art작품을 만들어낸다는 것을 널리 알려주는 것이 내가 할 수 있는 전부라고 생각한다. 다시 말해 차이점은 과학자들이 다루는 재료material가 페인트, 대리석, 금속, 음률이 아니라 바로 생각에 의한 것이라는 점이다…[FR, p.294.]

　　그렇다면 과학이 다루는 재료인 생각이라는 것은 어떻게 파악할 수 있는가? 파이어라벤드는 사고의 대상을 어떤 방식으로 보는지에 따라 이것을 두 가지로 구분하였다. 하나는 추상적 전통이며, 다른 하나는 역사적 전통이다. 추상적 전통과 역사적 전통은 똑같이 형식화된 명제를 사용하고 있지만, 사용 방법이 다르다. 추상적 전통은 객관성을 중시한다. 수많은 명제를 통해 나타나는 지식과 정보는 객관성이 담보되기 때문에, 따라서 추상적 전통에 따르는 사람들은 실제 현상을 직접 경험하지 않고서도 충분히 지식과 정보를 습득하고 이를 이용하여 새로운 연구를 진행하는 것도 가능해진다. 예를 들어, 나노의 크기는 직접 눈으로 확인하는 것은 불가능하다. 그러나 이를 관찰할 수 있는 현미경STM: scanning tunneling microscope이 개발된 이후로 나노를 이용한 연구는 화학, 약학, 재료공학, 금속공학, 환경공학 등 수많은 영역에서 진행되고 있다. 또 다른 예로써, 다음과 같은 질문을 생각해보자. 지구 외부에는 실제로 생명체가 존재하는가? 직접 지구를 벗어나서 외계 생명체를 관찰해 본 사람은 아무도 없다. 그러나 외계 생명체가 존재한다고 믿는 사람들은 그들이 따르는 추상적 전통 속에서 꾸준히 외계 생명체를 주제로 하는 영화나 소설 등을 끊임없이 만들어낸다.

역사적 전통은 추상적 전통에서와는 달리 객관성을 중시하지 않는다. 오히려 역사적 전통에서는 이들이 다루는 대상들이 모두 각각의 '언어'를 가지고 있다고 본다. 이 언어는 각 대상들마다 가지고 있는 고유한 특성, 성질, 개성 등을 의미한다. 산은 산의 언어가 있고, 물은 물의 언어가 있다고 보는 것이다. 추상적 전통을 따른다면 세계의 어느 곳에서도 각 명제는, 즉 각각의 정보와 지식은 동일한 의미를 가지게 될 것이다. 그러나 역사적 전통을 따른다면 추상적 전통에서 지지하는 것처럼 각 대상의 의미가 모두 동일하다는 것을 절대로 보장할 수 없다. 샤머니즘적 기도 행위를 통해서 샤먼에게 신을 불러들이고, 환자의 병을 낫게 하거나, 특정인에게 저주를 거는 등의 주술적 행위는 어떤 전통에서는 야만스럽기 그지없는 행위로 치부하지만, 다른 전통에서는 영험하고 범접할 수 없는 신성한 행위로 여겨지기도 한다.

···생각 그 자체만을 놓고 볼 때, 나는 각각 추상적 전통과 역사적 전통이라는 두 가지 종류의 전통들을 구분함으로써 실증주의에서 벗어나고자 했다. (자세한 것은 내 책 *Philosophical Papers*, 2권 1장, 및 *Wissenschaft als Kunst,* 이 책의 3장을 보도록) 이 전통들을 특징짓는 방법은 여러 가지가 있다. 내 생각에는 두 가지 전통이 그 대상 objects(사람, 사고, 신, 문제, 우주, 사회, 기타 등등)을 어떻게 보는지의 차이에서부터 출발점으로 삼는 것이 가장 좋을 것 같다.

추상적 전통들은 명제를 형식화한다. 명제들은 특정 규칙들(논리의 규칙, 검증의 규칙, 논쟁의 규칙 등등)과 그 규칙들에 따라서만 명제에 영향을 주는 사건들로 이루어진다. 이것은 명제들을 통해 나타나는 정보의 '객관성', 또는 명제들이 가지고 있는 '지식'의 '객관성'을 보장해준다고 한다. 실제 연구 대상을 한 번도 접해본 적이 없는 채로 명제들을 이해, 비판, 향상시키는 것이 가능하다는 뜻이다. (예: 소립자 물리학, 행동 심리학, 평생 개나 매춘부를 한 번도 본 적이 없는 인간들이 연구하는 분자생물학)

역사적 전통들의 구성원들도 역시 명제를 사용하지만, 이들은 매우 다른 방법을 사용한다. 즉, 역사적 전통들의 구성원들은 대상들objects이 이미 그들만의 언어를 가지고 있으며 이 언어를 배우고자 노력한다고 가정하고 있나. 이들이 언어를 배우려고 할 때는 언어학에 기초해서가 아니라 그 언어 자체에 푹 빠져들게 된 채로 배우는데, 이는 마치 어린 아이들이 세상을 배워나갈 때의 모습과 같다. 그리고 이들은 대상물의 언어를 표준화 과정(실험, 수학 공식화)이 아니라 있는 그대로 배우려고 한다. 객관적 진실이라는 개념처럼 추상적 접근을 범주화하는 것은, 대상과 관찰자 모두의 특이성에 근거한 이런 종류의 과정을 묘사하지는 못한다(상냥한 미소, 잔인한 미소, 따분해하는 미소처럼, 문맥에 따라 다양하게 해석될 수 있는 미소의 '객관적 존재'를 말한다는 것은 어림도 없는 소리이다.)…**[FR, pp.294-295.]**

파이어라벤드는 이와 같은 추상적 전통과 역사적 전통의 구분이 오래전부터 존재했다고 보고 있다. 이미 서구의 사상이 시작되었을 때부터, 고대 그리스 로마 시기부터 이 둘 간의 대립이 시작되었다는 것이다. 그리고 수많은 반목의 과정을 거치며 추상적 전통이 역사적 전통으로 바뀐다고 주장했다. 즉, 파이어라벤드에게 있어 좋은 과학good sciences은 역사적 전통의 맥락에서 해석돼야 한다. 즉, 좋은 과학이란 범세계적이고 보편적인 형태와 규준을 가진 고정된 사고체계가 아니라 예술과 마찬가지로 시대와 장소에 따라 상대적인 속성을 가진 것으로 보았다. 그가 과학을 예술과 인간다움에 관한 이야기로 보는 근거는 여기에 있다.

…서구사상이 시작되었을 때부터 추상적 및 역사적 전통들은 서로 반목해왔다. 이들의 싸움이 시작된 것은 '철학과 시의 고대 전투'에서부터이다. (플라톤, *Republic* 607b. 이 책 3장을 볼 것) 이것은 *Ancient Medicine*의 저자가 비판했던 것처럼 고대 물리학자들과 엠페도클레스(Empedocles, BC 490-BC 430)의 이론적 접근법이 사용됐던 의학 사이에서도 싸움이 계속되었다. (자세한 것은 1장 6절 및 6장 1절을 볼 것) 대립관계는 투키디데스의 헤로도투스에 대한 비평에 잘 나타나 있으며, 이것은 오늘날까지도 물리학(행태주의 vs '해석versthende' 방법, 생물학(분자 생물학 vs 생물 연구의 질적 연구유형들), 의학('과학적' 의학 vs 모든 종류의 치료), 생태학, 그리고 심지어 수학(칸토주의cantorianism vs 구성주의constructivism 용어는 푸앙카레(Henri Poincaré, 1854-1912)가 처음 사용)에서까지도 나타난다. 수차례의 위기와 혁명 기간 동안 추상적 전통들이 역사적 전통으로 바뀌며, 이것은 **좋은 과학은 예술이거나, 인간다움humanity에 관한 이야기이지만, 교과서 식의 과학은 아님**이라는 나의 테제를 지지해준다. 이안 해킹의 실험 과정에 대한 분석은 과학적 연구의 기술적 측면을 아주 잘 나타내준다…**[FR, p.295.]**

그러므로 파이어라벤드가 과학을 바라보는 시각을 기존 학계가 지지하는 추상적 전통의 도구주의로 해석해서는 안 된다. 그 스스로도 과학의 객관성을 믿지 않는다. 왜냐하면 과학의 효율 또는 적실성이라는 것은 과학이 따르고 있는 전통 속에서 만들어진 규준에 근거하여 결정이 되는 것이기 때문에, 그것만으로 특정 과학행위를 객관적으로 판단할 수는 없기 때문이다.

…현대과학은 실체와 해석의 문제body-mind problem를 만들었지만 결코 그 문제를 풀지 못했다. 현대 과학은 바로 그 뿌리부터 도구주의를 사용하였고, 또 보여주었다(예를 들어, 측정에서 양자 이론)…**[FR, p.296.]**

…나는 현실주의에 대한 대부분의 철학적 사유reasons가 그에 반하는 물리적 사유를 극복하기에는 너무 나약할 뿐만 아니라 철학적 사유

는 더 강력하게 만들어져야만 한다고 주장했으며, 그 이후로도 계속
해서 더 강력한 논거들을 발전시켜왔다. [어이없게도] 머스그레이브
(Alan Musgrave, 1940-)의 말에 따르면, 내가 바로 그 정반대, 즉, **도
구주의**에 관한 보편적 주장을 찾으려고 했다는 것이다!…[**FR, p.296.**]

　…나는 과학을 이해하는데 있어서 내 글에 썼던 것처럼 일반적
주장의 타당성relevance을 더 이상 믿지 않는다…[**FR, p.296.**]

　…과학이 '성공'하는 것은 가끔씩일 뿐, 과학은 자주 실패하는 녀
석이다. 과학의 여러 성공담들은 루머일 뿐 사실이 아니다. 게다가,
과학의 효율은 과학적 전통에 속한 규준criteria이 결정하는 것이기 때
문에 객관적 판단으로 여겨질 수 없다. (예를 들어, 과학은 영혼을
구할 수 없다) 내가 내린 결론은, 맥스웰(Grover Maxwell, 1918-1981)
이 다른 전통들(도곤Dogon, 아잔데Azande, 에콰도르 농부Ecuadorian pesant들
의 전통)로부터 유래하는 생각들ideas을 제거하지 않은 채로 실체와
해석의 문제가 어떻게 **과학적 토대 내에서** 발전될 수 있는지를 보
여주려 했다는 것이다. 그리고 나는 그가 이를 밝혀내는 것에 성공
하지 못했다는 것이 매우 기쁘다…[**FR, pp.296-297.**]

4. 과학: 수많은 전통 중 하나

　파이어라벤드가 생각하는 인간 행위에 있어서의 과학의 권위, 과
학적 행위의 위상이란 무엇인가? 그는 오늘날 많은 사람들이 다른 전
통들보다 서구식 합리주의 및 서구식 과학을 더 선호하는 것에 어떠
한 '객관적'인 이유란 존재하지 않는다고 확신했다. 객관적인 이유가
있다면 그것은 시간과 공간 영역 모두를 초월해서 누구에게나 객관
적이라고 인정할 수 있는 것이어야만 한다. 그러나 실제로는 모든 조
건을 똑같이 충족시켜서 받아들여질 수 있는 객관성이란 불가능하다.
그러므로 파이어라벤드는 과학 역시도 수많은 여러 전통들 중 하나

일 뿐이지, 결코 객관성이 내재되어 있는 것으로 평가하지 않는다.

　　…내 연구에서 다루는 두 번째 주제는 바로 과학의 권위에 관해
　　서이다. 나는 과학과 서구의 합리주의를 여타 전통보다도 선호한다
　　는 것에 다른 '객관적' 이유는 존재하지 않는다고 단언한다. 게다
　　가, 그런 이유란 것들이 무엇인지조차 상상하는 것도 어려운 일이
　　다.. 그 이유들은 어떤 누군가, 혹은 어떤 문화권의 구성원들이 자
　　신의 관습이나, 믿음, 사회적 상황이 어떻든 간에 관계없이 납득할
　　수 있는 것인가? 그렇다면 우리가 문화에 관해 알고 있는 것은 이
　　런 점에서 우리에게 '객관적' 이유란 없다는 것을 보여준다. 그것
　　은 제대로 받아들일 준비가 된 사람들이 납득할 수 있는 이유들인
　　가? 그렇다면 모든 문화들은 '객관적' 이유들을 자기 입맛에 맞게
　　가지고 있는 것이다. 한 번만 대충보고도 그 중요성을 알아챌 수
　　있을 만한 결과들을 보여주는 이유들인가? 그렇다면 또 모든 문화
　　들은 적어도 몇 개의 자기 입맛에 맞는 '객관적' 이유들을 가지고
　　있는 것이다. 약속이나 개인적 선호와 같은 '주관적'인 요소에 의
　　존하지 않는 이유들인가? 그렇다면 '객관적' 이유들이란 전혀simply
　　존재하지 않는다(척도measure로서 대상을 선택하는 것은 그 자체로써
　　개인적이며 혹은, 그다지 깊이 생각하지도 않은 채 그냥 쉽게 받아
　　들이는 사람들의 경우라면 집단적인 선택이 된다)…[FR, p.297.]

　따라서 파이어라벤드는 서구의 과학과 문화를 강압적으로 전파하
는 것에 대해서 상당히 비판적인 시각을 보여주고 있다. 세계를 서구
와 비서구로 구분해 볼 때 서구의 과학을 비서구가 받아들이게 된 것
은 서구과학, 서구문명 자체가 객관적으로 권위를 가지고 있기 때문이
아니라고 비판한다. 서구의 과학과 합리주의는 다양한 수많은 전통 중
하나일 뿐이다. 이들이 비서구 지역에 전파된 것은 오히려 서구문명을
전파하는 자들이 보여줬던 폭력을 사용한 강압적 요구에 의한 측면이
더 크다. 이 폭력은 과거 유럽 국가들이 라틴아메리카 지역을 식민지
로 삼기 위해 원주민을 학살하고 기존의 문화를 파괴했던 것처럼 군

사와 무기를 사용한 물리적인 것일 수도 있고, 아프리카 지역에서 찾아볼 수 있는것처럼 개발원조라는 미명하에 원조금, 자본을 무기로 삼아 해당 지역의 종속화를 심화시키는 것일 수도 있거나, 교육과 같이 무형의 자원을 악용해 그 지역의 전통문화 자체를 근본적으로 파괴시키는 것일 수도 있다.

이 모든 것은 파이어라벤드에 있어서 '전염병'처럼 진 세계를 '감염'시키고 있는 행위이다. 강요된 서구과학, 서구문명은 다른 전통을 따르는 이들에게는 기존의 전통을 파괴시키는 전염병이다. 서구의 전통에 따른 합리주의적 사고방식을 가진 과학자들은 감염원으로써 타 전통이 가지고 있던 고유한 면역체계 자체도 폭력을 사용해 파괴시킨다. 왜냐하면 이들에게 있어 자신의 과학은 권위를 가진 객관적이며 보편성을 지닌 우수한 것인 까닭에, 이를 전파하는 것은 당연한 것이기 때문이다. 튼튼한 인체는 병원균이 침입하면 항원-항체 반응을 통해 이를 스스로 치료하고 이 항원에 대한 항체를 생성하여 다음에 다시 이 병원균이 침입하더라도 스스로 몸을 보호하도록 만드는 면역체계를 가지고 있다. 그런데 이와 같은 면역체계가 파괴된다면 그 인체는 병원균에 대하여 무기력해질 수밖에 없으며, 감염의 결과 최악의 경우 생명을 위협받게 된다. 이와 마찬가지로 폭력을 통해 강압적으로 서구과학을 타 지역에 이식하는 행위는 다른 전통들이 가지고 있던 본래의 면역체계를 파괴해버리는 것과 다름이 없기 때문에 비서구 지역의 이른바 실패국가들이 보여주고 있는 무기력한 측면은 바로 이러한 외부적 개입이 만들어낸 참상으로 볼 수 있다.

…현재 서구과학이 전염병처럼 전 세계를 감염시키고 있는 것과 수많은 사람들이 그 (지적, 물질적) 생산물을 당연히 받아들이고 있는 것은 사실이다. 그러나 여기서 질문을 하자면, 이것이 (서구과학의 방어자란 의미에서) 주장의 결과였던가? 예를 들어, 이 모든 진보advance의 각 단계가 전부 서구 합리주의의 원칙에 따른 이유들로 치장된 것이었단 말인가? 감염이란 것이 그 손길을 스쳐간 사람들의 삶을 더 나아지도록improve 만들었는가? 두 질문 모두 대답은 아니오이다. 서구문명을 받아들이게 된 것은 무력에 의해서 서구문명이 강요된 것이지, 서구의 주장이 본질적 진실함을 보여주었기 때문이 아니다. 즉 서구문명이 더 강한 무기를 만들어냈기 때문에 이를 받아들이게 된 것이다(1장 9절 참조). 그리고 서구문명의 진보는 한편으로는 좋은 점도 있었지만, 엄청난 피해도 가져왔다(보들리(J.H Bodley), *Victims of Progress*, Menlo Park, California 1982의 연구 참조). 이는 인간의 삶에 의미를 부여하는 영혼의 가치를 파괴하였다. '원시' 종족들은 본래 전염병, 홍수, 가뭄과 같은 자연 재해를 어떻게 다루어야 할지를 알고 있었다. 즉 그들은 사회 조직에 닥친 거대한 위협을 극복할 수 있는 '면역체계'를 가지고 있었다. 이들은 보통 때는 환경을 파괴하지 않고서도 동식물의 성질에 대한 지식, 기후 변화, 그리고 우리가 겨우 조금씩 회복하도록 만들고 있는 생태계 상호작용에 대한 지식을 바탕으로 그 면역체계를 이용했었다(자세한 사항과 풍부한 자료는 레비스트라우스(Lévi-Strauss, 1908-2009)의 *The Savage Mind* 및 이후의 유사 관련 연구들에 잘 나타나 있다). 먼저 인간쓰레기gangster 식민주의자들이, 그 다음에는 개발원조라는 간판을 내건 인도주의자들이 이러한 지식들을 극도로 심각하게 훼손시켰고 일부는 그 맥을 끊어놓는 짓을 저질렀다. 소위 제3세계라고 하는 세계의 많은 지역들이 무기력하게 변해버린 것은 외부적 간섭의 결과이지, 그 자체가 본래 취약하기 때문은 아니다…[FR, pp.297-298.]

…이란인 학자인 마지드 라흐네마(Majid Rahnema, 1924-)는 개발원조의 효과에 대해 인체의 면역시스템을 파괴하는 질병치료illness Aids의 효과에 비교했다(*From 'Aid' to 'Aids'*, 미출판 원고, Stanford 1984). 또한 그는 지식이 공익을 위한 것에서 희박하고 접근 불가능한 상품commodity으로 변해가는 방식에 대해서도 언급했다(*Education for Exclusion or Participation?*, manuscript, Stanford, 16 April 1985).

그가 쓴 책에서 보면, '문화들과 문명들'은,

그 속에서 **누리고 살아가면서 배워온** 수백만 명의 사람들이 [문화와 문명들을] 만들어냈고, 풍부하게 키웠으며, 전통을 이어왔다. 그들은 살아가기 위해서 배워야만 했고 또 자신들이 속한 공동체에게 의미 있는 것이라면 무엇이든지 [닥치는 대로] 배워나갔기 때문이다. 현재의 학교 시스템으로 되기 이전에, 수천 년 동안 교육은 희소한 자원이 아니었다. 교육은 일부 규격화된 공장의 생산품, 즉, '교육받았다'고 들을 권리를 사람에게 부여할 수 있는 소유권이 아니었… 그 [새로운] 학교 시스템은… 개인적 및 선문적 명성을 향해 가장 야심적으로(그리고 때때로 가장 똑똑하게) 겨냥하는 것이며, [기존] 권력 체계 안팎으로 걸러내는 효율적 채널로써 작용한[했]다. 또한 역설적이게도 '문화 매체'로서 몇몇 뛰어난 개인들, 그들 중 급진적 사상가와 혁명가들이 자신의 해방 목적을 위한 유일한 학습 원천의 일부로 교육을 이용했다. 그러나 전반적으로, 그것은 곧 빈자와 약자를 배제시키는 과정의 체계적 조직화로 이름을 떨친 '지옥의 기계'가 되었다… 그때 그 옛날… '모든 어른은 스승이었다'고 했던 때는 끝났다. 이제, 오직 학교 시스템에 의해서만 자체적으로 고안된 규준에 따라 인증된 자들만이 가르칠 권리를 가질 수 있게 되었다. **그러므로 교육은 희소성을 가지게 되었다.** [파이어아벤트의 강조]…**[FR, p.298.]**

…이 발견들이 전문적 합리주의자들이 침튀겨가며 설교하는 것에 고작 이정도밖에 안 되는 영향력을 미치는 것을 보니 여간 웃기는 게 아니다. 예를 들어, 칼 포퍼(Karl Popper, 1902-1994)는 '우리 시대의 …… 일반적인 반합리주의자反合理主義者, anti-rationalist적 분위기'에 대해 애통해하고, 뉴턴과 아이슈타인을 인류애humanity의 위대한 후원자benefactors로 숭배하지만, 이성과 문명Reason and Civilization의 이름으로 자행된 범죄에 대해서는 입도 뻥긋하지 않는다. 반면에, 그는 문명의 이익이란 것이 때로는 '제국주의의 형태'로, 그것을 원하지도 않는 희생자들에게 강요해야만 하는 것이라고 생각하는 것 같다(6장, 1절을 보시오)…**[FR, p.299.]**

그런데 이처럼 서구문명이 타 전통들을 파괴하는 역할을 하였다면, 이와 같은 서구의 과학을 만들어내고 있는 지식인들은 왜 그대로 방

관하고 있는것일까? 파이어라벤드는 여러 가지 이유가 있지만, 그중
에서도 세 가지 이유를 강조했다. 첫째는 지식인들이 무지하기 때문
이다. 이들은 자신들의 과학이 합리적이고 객관적이라고 철저하게 믿
고 있다. 그러나 다른 전통들에 대해서는 전혀 아는 바도 없고 알려
고도 하지 않는다. 또한 자신들이 전파하는 우수한 서구문명이 이들
에게 진보를 가져다 줄 것이라고 믿는다. 다른 전통들을 이해하지 못
할 뿐만 아니라 무시하며, 심지어 그것을 파괴해도 괜찮은 것으로 여
긴다. 극단적인 경우 기존의 전통들을 파괴해야만 자신들의 우수한
과학이 제대로 전파되어 이들에게 진보를 가져다 줄 수 있을 것이라
고 생각한다.

두 번째 근거는 타 전통과 문명을 파괴한 것은 과학자가 직접 실행
에 옮긴 것이 아니므로 자신들은 아무런 책임이 없다는 것이다. 과학
자들은 연구실안에서 합리적이고 객관적인 과학행위만 하는 사람일
뿐, 그 과학을 현실에 적용하는 것은 과학자가 아니라는 것이다. 그들
이 생산한 지식이 현실에서 부당한 결과를 초래했다 할지라도 과학
그 자체는 선한 행위라고 믿는다. 결국 과학자 자신들은 타 전통과
문화를 파괴한 것에 대해 어떤 책임도 없다고 생각한다.

세 번째로는 서구의 과학적 전통이 비서구의 비과학적 전통을 압
도했으므로 비서구 전통이 파괴되는 것은 자연스러운 것이라는 주장
이다. 즉, 서구의 과학이 우위를 점한 것은 적자생존에 의한 결과라는
것이다. 따라서 비과학적 전통은 서구과학과 합리주의 전통과의 경쟁
에서 졌기 때문에 비과학적 전통을 보호하고 부활시키려는 시도 자
체가 불합리하며 필요 없다는 것이다. 파이어라벤드는 이 주장이 허
구라는 점을 다음과 같이 지적했다. 과연 두 전통의 경쟁이 공평하게

통제된 똑같은 조건에서 이루어졌던 것인가? 정당한 과정을 통한 대립과정을 거쳐서 한편은 살아남고 다른 한편은 도태된 것인가? 미국의 인디언들이 몰락하게 된 과정에서 살펴볼 수 있는 것처럼, 이것은 폭력에 의한 강압의 결과일 뿐이다.

결국 파이어라벤드는 어떤 전통을 선택하느냐는 외부에서 강제적으로 영향력을 행사해서가 아니라 기존의 전통을 따르는 이들이 선택해야 하는 것이라고 비판한다.

…왜 그렇게 많은 지식인들이 여전히 이런 근시안적 방법만 주장하고 있는가에 대해서는 여러 가지 이유를 댈 수 있다. 한 가지 이유는 무지 때문이다. 대부분의 지식인들은 서구문명 바깥에 존재하는 삶이 만들어내는 긍정적 업적에 대해선 털끝만치도 아는 바가 없다. 우리가 이 분야에 대해서 생각했던 것이라고는 (그리고 불행히도, 여전히 그 모양 그 꼴이지만) 과학은 우수하고 과학 이외의 것들은 꼴 같지도 않다는 헛소리 정도이다. 두 번째 이유는 합리주의자들이 어려움을 극복하기 위해 고안한 면역화행동immunizing moves 때문이다. 예를 들어, 합리주의자들은 기초과학과 그것을 적용하는 행위를 구분했는데, 만약에 어떤 한 파괴행동이 이뤄졌다면, 이것은 과학을 사용해 파괴행동을 벌인 자들appliers이 한 짓이지, 선하고 결백한 이론가들의 행위가 아니라는 것이다. 그러나 이론가들이 그렇게 아무 잘못 없이 깨끗하기만 한 것은 아니다… **그들은** 과학의 '합리성'과 '객관성'을 칭송한다. 모든 인간적 요소를 제거하려는 핵심 목표의 진행이 비인간적 행위로 이끌어내는 반동이 되는 줄도 모르는 채 말이다. 어쩌면 그들은 과학이 '원칙상' 행할 수 있다는 선과 실제로 행하는 악을 구분하고 있는지도 모른다. 그러나 이 말은 우리에게는 조금도 위안이 될 수 없다. 모든 종교들은 '원칙상' 선하지만, 불행히도 이 추상적 선이란 그 종교의 행위자들이 미친놈들처럼bastards 행동하지 못하도록 막아낸다는 것은 거의 불가능하다…**[FR, p.299.]**

…특정 세계관에 입각한 주장들은, 어떤 문화에서는 받아들여지지만 다른 문화에선 거부당할, 그러나 방어자들이 잘 모르기 때문

에 보편적 타당성을 가지고 있는것처럼 여기는 그러한 가정에 의존한다…[FR, p.299.]

  …게다가 건강의 개념과 같이 명백히 '객관적인' 개념들에 의해 다뤄지는 광범위한 스펙트럼이, 그리고 우리 예술가들이 보여주는 것처럼, 심지어 세속적secular 해결책조차도 과학 외부에서 삶의 다양한 방식을 허용한다(cf. 푸코(Michel Foucault, 1926-1984)). 우리는 여러 가치와 문화들이 사라져가고 있음을 받아들여야만 한다. 가치와 문화들이 소멸되어가고 그것들을 기억해주는 이들은 거의 사라져간다. 그러나 이것은 우리가 그들로부터 배울 수 없다는 것을 뜻하는 것은 아니다…[FR, p.300.]

  …마지막으로 케케묵은 주장이 하나 남았다. 그것은 비과학적 전통이 이미 기회를 잡았고, 과학과 합리주의와의 대립에서 살아남지 못했으며, 따라서 그것들을 부활시키려는 시도는 비합리적이고 불필요하다는 것이다. 그 대표적인 질문은 다음과 같다: 공평하고 통제된 방식으로 과학과 경쟁하도록 함으로써, 그것들이 합리적 토대 위에서 제거된 것인가? 혹은 그 소멸이 군사적(정치, 경제 등) 압력의 결과인 것인가? 그리고 그 답은 거의 항상 후자가 된다. 미국 인디언들은 자신들의 주장이 받아들여질 수 없었으며, 그들은 먼저 기독교로 개종당했고, 그 다음 땅을 빼앗겼으며, 마지막으로 과학적 기술문화가 증가하는 가운데 보호구역 안으로 몰아넣어졌다. …그 외 사례들은 수없이 많다…[FR, p.303.]

  …마지막으로, 자신들이 선호하는 전통을 선택하는 것은 시민들의 몫에 달렸다. 따라서 … 모두가 옛 전통을 되살리려는 시도와 반과학적 시각反科學的視覺, anti-scientific views을 소개하려는 시도들이 새로운 계몽시대의 시작으로서 칭송받아야만 한다는 것을 제안한다. 그리고 이 시기는 우리의 행위들이 통찰에 의해 인도되는 것이지, 단순히 경건함이라든가 종종 꽤 멍청하기 짝이 없는 슬로건 따위에 의해서 만들어지는 것이 아닌 시대인 것이다…[FR, p.304.]

5. 생각과 현실은 같지 않다

파이어라벤드는 다음의 두 가지 명제를 모두 비판한다.

① 과학과 인간다움humanity은 개인적 희망과 문화적 상황에 대해 독
   립적으로 결정될 수 있다는 조건에 따라야만 한다.

② 인간 활동에 참여하지 않고서도 멀리 떨어져서 문제를 푸는 것
   은 가능하다.

파이어라벤드는 이 두 가지 명제가 바로 과학과 사회문제에 대한
지적 접근의 핵심이라고 파악했다. 따라서 서구의 과학적 지적 전통
을 따르는 지식인들, 그리고 그중에서 과학을 발전시키고 인도주의를
지지하는 지식인들의 행위는 이 두 가지 명제에 기초하여 설명할 수
있었다. ①의 시각은 과학과 인간다움을 서로 구분하며, 연구자 개인
이 어떤 희망을 가지고 있든지, 그리고 그 연구를 진행시키거나 혹은
연구를 현실에 적용시킬 문화적인 배경이 어떤 것이든지 간에, 이들
간에는 독립적으로 결정될 수 있다는 조건에 따라야만 한다는 것이
다. 여기에 ②의 가정은 인간 활동에서 참여를 배제한 채 굳이 현실
에 직접적 연관을 가지지 않고 멀리 떨어져서 문제에 접근하는 것이
가능하다는 것이다. 그리고 마르크스주의자나 자유주의자, 사회과학
자들은 이런 시각과 가정에 근거해서 서구과학과 인도주의를 훌륭한
가치라고 여기며 이를 전파하고자 하였다.

그렇다면 파이어라벤드는 대체 어떤 점을 비판하는가? 결론적으로
말하자면, 파이어라벤드는 이들이 이론적으로 생각했던 명제들과 실
제 현실에서 자신들이 속해 있는 전통이 일치하지 않는다는 것을 문

제점으로 지적하고 있다.

좀 더 살펴본다면, 그는 명제들 자체가 틀렸다고 생각하는 것은 아니다. 무엇보다도 이 명제들은 추상적 전통과 역사적 전통 중에서 추상적 전통에 해당한다. 추상적 전통은 형식화된 명제가 특정 규칙들과 규칙에 따라서만 영향력을 갖는 사건들로 구성되어 있다. 이를 통해 명제가 가지고 있는 지식과 정보는 객관성을 보장받게 되는 것이다. 그렇기 때문에 객관적 지식이 이처럼 굳이 연구대상에 관해 직접적으로 접촉하여 경험해보지 않고서도 연구와 지식의 축적은 가능해진다. 이에 반해 역사적 전통은 추상적 전통과는 달리 각 전통들에는 각각의 언어와 고유한 개성을 지니고 있다고 본다. 백 가지 전통이 있다면 백 가지 특이성이 존재할 수 있는 것이다. 그러므로 추상적 전통에서 주장하듯 '객관적' 지식이란 것은 가능하지 않다.

그런데 현실을 보면, 서구과학이 따르고 있는 전통이 속하는 곳은 추상적 전통이 아니라 역사적 전통에 속해 있는 곳이다. 서구과학자들은 위의 명제에서처럼 서구과학이 추상적 전통을 따르고 있는 것으로 믿고 있지만, 실제로는 서구과학의 전통이란 전 세계의 수많은 여러 가지 전통들 중 하나일 뿐임을 간과하고 있다. 이 전통들은 각각의 '언어'를 가지고 있기 때문에 이 모든 것을 포괄하는 객관적인 언어란 있을 수 없을 뿐만 아니라, 각 전통들을 이해하기 위해서는 그 전통 속에 녹아들어가서 찾아야만 한다. 따라서 추상적 전통에 근거한 이론을 역사적 전통에 적용시키려고 하는 것 자체가 무리라는 것이다.

…지금까지 언급했던 것을 다음 두 단락으로 요약할 수 있다:

(A) 과학적 문제scientific problems가 공격받고 해결했던 방식은 문제가 발생했던 상황, 당시 이용가능한(정형적, 실험적, 이데올로기적) 수단, 그리고 얼마나 해결하고 싶어 하는지에 달려 있다. 과학 연구에서 지속적인 경계조건boundary condition이란 없다.

(B) 사회문제와 문화의 상호작용이 공격받고 해결했던 방식 역시 마찬가지로 문제가 발생했던 상황, 당시 이용가능한 수단, 그리고 얼마나 해결하고 싶어 하는지에 달려 있다. 인간 행동에서 지속적인 경계조건이란 없다.

따라서 나는 (C)라고 했던 관점, 즉, 과학과 인간다움이 개인적 희망과 문화적 상황에 독립적으로 결정될 수 있다는 조건에 순응해야만 한다는 관점을 비판했다. 그리고 인간 활동activities에 참여하지 않고, 멀리 떨어져서 문제를 푸는 것이 가능하다는 (D)라는 가정에 대해서 반대했다.

(C)와 (D)는 우리가 (**과학과**) **사회문제에 대한 지적 접근**이라고 부를 만한 것의 핵심이다. 이것들은 '후진국'을 돕고 싶어 하고 '새 시대'의 선지자가 되고 싶어 하는 학문적academic 마르크스주의자, 자유주의자, 사회과학자, 사업가, 정치가들에게 있어서 당연한 것이었다. 지식을 발전시키고 인간성을 수호하는, 그리고 실존관념(예를 들면, 환원주의)에 실망한 모든 연구자들은 구원이 새로운 **이론**에서만 도출되며 그와 같은 이론을 발전시키는데 필요한 모든 것은 올바른 책과 약간의 현명한 생각이라고 본다.

(C)와 (D)는 내가 정치에 관해 말한 것을 깎아내리는 데에도 사용되었다. 내 비판적 측면에서 보건데, 내가 뒤흔들어 놓은 건 많지만 정작 이뤄놓은 것은 거의 없다. 그들은 내 접근이 완전히 부정적이라고 말한다. 나는 어떤 절차에 반대하지만, 그것 대신에 내놓을 것은 없다. 특히 마르크스주의자들은 내가 자기들이 가장 좋아하는 두 가지, 서구과학과 인도주의humanitarianism를 실컷 비웃고 무시한 것에 대해 격노해 왔다.

확실히 이 의견들은 옳다. 게다가 내가 해줄 긍정적 제안도 없다. 그러나 아무런 제안도 하지 않는 이유는 내가 문제를 잊어버려서도 아니고, 우리 동료 학자들의 사변적speculative 재능에 필적할 수 없어서도 아니다. 그것은 내가 바로 전통들을 존중하고 있기 때문이다. 그리고 하늘이 내려주신 나의 고매한 지적 재능을 이 전통들에다 잔뜩 베풀어주겠다고 마음먹고 있기 때문이다. 이런 전통들은 역사적 전통이지, 추상적abstract 전통은 아니다(위의 2, 3, 4절과 3장을 봐라). 역사적 전통은 멀리서 이해될 수 있는 것이 아니다. 역사

적 전통들의 가정, 가능성, 역사를 이끌어가는 자들의(종종 무의식
적인) 희망들은 깊이 파고들어가야만 발견될 수 있다. 예를 들어,
사람은 자신이 바꾸고 싶은 대로 인생을 살아야만 한다. (C)도 (D)
도 역사적 전통에는 적당하지 않다. 오직 희생양의 인간성humanity 전
부만을 무시하기 때문에 관계도 없는 이론가가 생각해낸 경계조건
과 해결책이 여전히 강요될 수 있다. 강압imposition을 지지하는support
지식인들은 '인간의 특징'에 대해서 모르는 것이 아니다. 그들에게
는 여러 가지 '인간론theories of man'이 있으며, 이 인간론에 따라 행동
지침으로 삼는다. 그러나 이런 이론들은 그들의 희생양victims까지 생
각해주지 않는다. 이는 주로 대학 사무실, 세미나실 등 장소의 성
격mentality을 반영할 뿐이다…[FR, pp.304-305.]

그러므로 파이어라벤드는 서구과학자들이 과학과 사회문제에 대
해 내놓는 지적 해결책에 대해서 다음과 같이 그 문제점을 지적한다.
첫째로는, 다른 전통에 대한 이해를 하지도 않은 채 오직 서구적 전
통과 시각에 근거하는 협소한 문화적 배경에서 논의를 출발시킨다는
것, 둘째로는, 여기에 보편적 타당성과 객관성이 존재한다고 믿는다
는 것, 셋째로는, 이를 근거로 삼아 다른 전통 속에서 살아가는 이들에
게 오직 서구의 전통만이 옳은 것이라고 강요한다는 점이 그것이다.

　　…사회문제에 대한 지적 해결책에 있어서 내가 주로 반대하는
　것은 그들이 협소한 문화적 배경에서 시작하고, 거기에 보편적 타
　당성이 있는 것으로 생각하며, 그것을 다른 이들others에게 강요한다
　는 것이다…[FR, p.305.]

따라서 파이어라벤드에 따르면, 이와 같은 추상적 전통에 근거하
여 만들어진 논의를 역사적 전통에 따르고 있는 현실에 억지로 적용
시키려는 행위 자체가 문제이며, 인도주의라는 그럴듯한 이름을 걸고
서구과학을 강요하는 행위는 오히려 당사자들을 무시하는 무례한 행

위가 된다고 볼수 있다. 즉, 다른 전통에 실제로 참여해보지도 않은채 서구과학의 우수성과 보편성, 객관성을 주장하고 이를 타인에게 강요하는 것은 옳지 못하다는 것이다.

…내가 그런 파쇼적ratiofascistic 몽상과는 아무것도 하고 싶어 하지 않는다는 게 놀라운 건가? 사람들을 돕는다는 것은 그들이 누군가의 파라다이스에 이르기까지 사람들을 몰아붙이는 것을 의미하는 것이 아니다. 사람을 돕는다는 것은 **친구로서**, 사람, 즉, 어리석음뿐만 아니라 지혜도 자기와 동일시할 수 있는 사람 및 후자가 우세해질 만큼prevail 충분히 성숙한 사람으로서, 변화를 알려주도록 노력하는 것을 의미한다. **다시말해, 내가 잘 알지도 못하는 사람의 삶과 그의 처지에 대한 추상적 논의하는 시간낭비일 뿐만 아니라 인정도 없고 무례하기까지 한 것이다.**
이런 것은 시간낭비이다. 이론의 실제 적용은 기본 프로그램을 없앨 수도 있는 여러 변화들보다도 항상 선행될 수밖에 없기 때문이다. 타자stranger의 상황에 대해, 이 상황들이 어떤 방식으로 나타나는지에 대해 꿈, 두려움, 바람에 관해 직접적으로 겪어보지도 않은 주제에 익숙하지 않다고 하는 것은 참 뻔뻔스러운 것이다. 나는 나의 기준, 나의 지식이란 것(변변찮은 것이든 굉장한 것이든, 그건 문제가 안 된다), 극도로 한정된 나의 인간성을 '객관적' 진단 및 제안(아주 순진하거나 편협한 사람들만이 정치에서뿐만 아니라 사적 삶에서도 '인간성'의 연구가 인간적 접촉보다 더 우수하다고 믿을 수 있다)의 근거로 삼는 것을 거부한다. 유타(Jutta)는 여성의 이름을 가지고 있지만 대학에서 남성 동료들이 내세우는 극도의 우월주의를 깨부수려고 애쓰는 사람이다. 유타 말로는 내가 감정과 상상력이 없다고 한다. 이와는 반대로 **나**는 이제까지 내가 상상하지도 못했던, 책에도 묘사되지 않은, 어떤 과학자도 한 번도 조우한 적조차 없으며 설령 마주쳤던들 알아보지도 못했을 그런 상황들을 그려낼 수 있다. 나는 그런 상황들이 꽤 자주 발생한다고 믿는다. 게다가 그런 상황들은 다른 사람들에게 다르게 보이고, 다른 방식으로 영향을 주며, 희망, 두려움, 내가 한 번도 느껴보지 못한 감정들을 불러일으킨다. 그리고 나는 즉각적으로 관련된 사람들의 인상을 어림짐작해 볼 마음이 있다. 유타는 내가 알지 못하는 것을 '존중'하면서 '검토'해야만 한다고 말한다. 검토라고?

만약 내가 한 여성을 사랑하고 그녀의 삶에 함께하고 싶다면, 나의 이익을 위해 아마도 또한 그녀의 이익을 위해서라면, 나는 그 삶을 '검토'해서는 안 된다. 존중하든 경멸하든 간에, 나는(그녀가 허락해 준다면) 그 삶속에 참여하도록 노력해야만 하며 이로 인해 그 내부로부터 이해할 수 있을 것이다. 그녀의 삶에 참여함으로써, 나는 세계를 보는 방법들, 느낌, 새 생각을 가진 새로운 인간으로 변신하게 된다. 물론, 나는 수많은 제안을 해야만 한다. 나는 그녀를 나만의 언어 속으로 흠뻑 빠져들도록 만드는 것이다. 그러나 **오직 그 변화가 발생한 이후에만**, 그리고 그것이 창조한 새로운 **그리고 공유된** 감수성에 기초하고 있어야만 한다. 내가 이해한 바로는 지금의 정치는 여러 가지 면에서 사랑과 관련되어 있다. 정치는 사람들을 존중하고, 그들의 개인적 소망을 고려하며, 투표에 의해서든 인류학의 현지 조사 작업에 의해서든 그들을 '연구'하지 않는다. 그러나 정치학은 사람들을 내부로부터 이해하고자 하며, 이해와 같은 것들로부터 흘러나오는 사고와 감정들로 변화하기를 제안한다. 한마디로, **분명하게 이해된 정치는 철저하게 '주관적'이다.** (정치에 있어) '객관적인' 이론적 계획schemes을 발전시키는 것은 불가능하다…[FR, pp.305-306.]

6. 자유로운 사회의 요건

파이어아벤드는 앞서 다른 전통에 실제로 참여하지 않고 이른바 서구과학의 우수성과 보편성, 객관성을 주장하고 이를 타인에게 강요하는 것은 옳지 못하다는 주장과 관련해 전통의 동질성, 권력과 과학 행위 간의 분리 그리고 강제력 등에 대한 그의 소신을 다음과 같이 피력하고 있다.

…그 해답은 이미 *SFS*와 *EFM*에서 제공된 바 있다. 즉 이러한 것들은 전통(국민투표와 같은)을 통한 검증과정을 통과해야 한다는

생각과 같은 것을 예로들 수 있다. 나의 저작의 이 부분을 다룬 거의 모든 논문들이-여러 가지 다른 측면에서 나의 수를 받아들인 크리스티안 반 브리센(Christiane van Briessen)의 논문을 포함하여- 갖고 있는 근본적 오류는 정치가, 철학자, 사회비평가 그리고 모든 종류의 '위대한' 사람들이 이해받고(읽혀지고) 싶어 하는 것과 똑같은 방식으로 나의 제안들이 이해되어야 한다고 해석한다는 점이다. 그 논문들은 그 제안들을 교육적 협력과 도덕적 압력, 작지만 알찬 혁명, 그리고 달콤한 슬로건(진리가 너희를 자유케 하리라The Truth will Make you Free와 같은)능을 통하여 사람들에게 반드시 부과되어야만 하는 새로운 사회질서의 대략적 모습으로 해석하고 있다. 또한 이것이 기존에 작동하고 있는 기관들을 통해 만들어지는 압력을 이용하여 부과되는 질서라 해석하기도 한다. 하지만 이러한 몽상들은 나의 생각과도 매우 거리가 있을 뿐만 아니라 확실히 염증을 느끼게까지 한다. 나는 어둠속에 살아가고 있는 사람들에게 마치 자신이 새로운 빛을 보여주고 있는 것처럼 가식을 부리는 교육자나 도덕 개혁주의자에 대한 일체의 애정을 갖고 있지 않다. 나는 자존감과 자기 절제를 완전히 상실한 채 진흙탕 속의 돼지처럼 진리의 함정에 허우적거리는 순간에 이르기까지 자신들의 학생들에 대해 욕심을 부리는 선생들을 경멸한다. 나는 '신', '진리', '정의' 등을 비롯한 온갖 추상적인 이름으로 사람들을 종속시키는 모든 종류의 기획들을 경멸한다. 특히 "객관성objectivity"이라고 주장하는 것 이외에는 그 어떤 책임도 감당하기에 너무나도 겁이 많은 하수인perpetrator과 같은 모습을 경멸한다. 나의 많은 독자들은 이러한 권모술수machination를 매우 정상적인 과정으로 받아들이는 경향이 있다. 나는 과연 독자들이 나의 제안을 이렇게 이해하고 있는 상황을 어떻게 설명할 수 있을까? 하지만 AM과 SFS에서 다룬 국가, 윤리, 교육 그리고 과학에 대하여 내가 제시한 가벼운 언급들은 반드시 의미하고자 하는 의도에 따라 이해되어야 한다는 생각에 변함이 없다. 그러한 언급들은 객관적인 범주가 아닌 주관적 의견들이다. 그것들은 객관적인 기준이 아닌 다른 다양한 주관적 기준에 의해 사용되어야 한다. 또한 모든 사람들이 그러한 의견들을 진지하게 고려하게 된 이후에 그 의견들은 정치적인 영향력을 갖게 된다. 즉 궁극적으로 나의 의견 피력이 아닌, 의견들에 대한 동의가 문제를 해결하는 것이다…[FR, p.307.]

또한 저자는 과학의 합리성과 객관성만을 숭배하는 오만함 때문에 강압이 발생하고 이러한 강압은 외부에서 학습한 것이 아니라 자생적인 것이라 주장했다. 따라서 강압에 의해 얻게 되는 한정된 기준을 객관적이라고 할 수는 없으므로 이것에 저항하는 것으로부터 주어진 문제를 풀어가야 한다고 보았다.

>   …사람들이 처음에 반드시 생각해야 하는 것이라고 배우는 "이의objection"는 저자에 대한 자만과 무시를 나타내는 것이다. 기본적인 문제는 다음과 같은 것을 들 수 있다. 어떤 사람이 발언권을 갖고 있거나 혹은 침묵을 강요당하는가? 어떤 사람이 진정한 지식을 갖고 있는가? 아니면 단지 완고한 고집만을 갖고 있는가? 우리는 과연 우리의 전문가, 즉 과학자, 철학자, 교육자들을 신뢰할 수 있는가? 그들은 도대체 그들 스스로가 말하고 있는 것을 이해하고 있기는 하는 것인가? 그들은 단지 자신들의 비참한 존재감을 재생산하길 원하는 것은 아닌가? 플라톤, 루터(Luther), 루소(Rousseau), 마르크스(K. Marx)와 같은 위대한 선대의 사상가들은 과연 무언가를 제시하고 있는 것인가? 아니면 우리가 그저 우리 스스로의 미성숙함을 반영하는 차원에서 그들을 존경하고 있는 것인가?
>   이러한 질문은 우리 모두와 관련되어 있고, 또한 우리 모두 이 문제를 풀어가는 데 참여해야 한다. 학생, 농민, 공무원, 주부, 학자, 살인범, 성직자를 막론하고 모두 다 무언가 말할 권리를 갖고 있다. 모든 사람은 인간으로서 동등하며, 생각과 느낌과 꿈과 희망을 갖고 있다. 또한 모두가 신의 형상을 창조해왔다. 하지만 우리는 예쁘게 다듬어진 동화와 같은 한정된 공간 속에 빠져 다른 사람들의 세계에 주목한 적이 한 번도 없었다(이는 중세시대와는 사뭇 다르다; 참조. 헤르(Friedrich Heer, 196-1983), *Die Dritte Kraft*, Frnkfuurt 1959). 이러한 추상적 질문과 해답 속에 담긴 내용, 그리고 이러한 해답 속에서 드러나는 삶의 질에 관한 것들은 모든 사람들이 토론에 참여하고 자신의 생각을 개진할 수 있도록 독려되는 환경 속에서만 결론지어질 수 있다. 어떠한 생각에 대한 최선이자 단순한 윤곽outline은 프로타고라스의 위대한 연설 속에서 찾을 수 있다. 아테네의 시민은 그들 자신의 언어 사용, 법 집행, 그리고 전문가에 대한 대우 등에 있어서 특별한 훈련과 교육을 필요로 하지 않았다.

배움의 과정이 교육자를 통해 간접화되지 않고 직접적으로 제공되는 열린사회에서 성장해온 아테네 시민들은 자신들의 실패의 상처로부터 이 모든 것들에 대한 배움을 얻었다. 국가와 국민 투표는 미지의 세계로부터 창조되는 것이 아니라 목적 있는purposeful 행위에 의해 만들어져야 한다는 진일보된 문제제기에 대한 답은 간단하다. 이의를 제기하는 사람에게 국민투표를 시행하게 하면 그는 그가 스스로 무엇을 원하는지, 무엇이 그의 야망을 확장시킬 수 있으며, 무엇이 그 야망을 무력화시킬지, 그리고 자신의 생각이 어느 정도까지 다른 사람들을 노와수거나 방해할 수 있을지 등에 대하여 곧 알게 될 것이다…[FR, pp.307-308.]

…이것은 '나의my 정치모형political model'을 향한 여러 비판에 대한 답변이 된다. 사실 이 모형은 모호하다. 하지만 그것을 이용하여 구체적인 결정을 내리는 상황에서 유연한 여지를 남겨놓기 위하여 그 모호함은 필수적인 것이 된다. 이 모형은 전통들의 동등성을 제안한다. 하지만 그 어떤 제안도 우선적으로 그것을 발의한 사람들 스스로에 의해 확인되지 않으면 안된다. 그 어떤 사람도 결과를 예측할 수 없다. (예를 들어 피그미족도 필리핀의 민도로족도 동등한 권리를 원한다기보다는 단지 고립되어 남겨지고 싶은 것이다.) 갈등은 교육으로 다뤄지는 것이 아니라 강제력police force에 의해 다뤄진다. 마르게리타 본 브렌타노(Margherita von Brentano, 1922-1995)[4]는 최근의 제안에서 시민들에게 언론의 자유는 있으나 행동은 강력하게 제한되어야 하는 점을 내포하고 있다고 해석하였다. 다른 비판자들은 체념 속에서 그저 강압police에 대한 논의를 한다. 그리고 자유주의자와 마르크스주의자들도 마찬가지로 쩔쩔 매고 있다. 이러한 해석은 정확하게 앞에서 언급한 바 있는 오역이다. 강제력은 시민들을 억압하기 위해 외부에서 들어온 힘이 아니라 바로 시민 스스로에 의해 만들어지고, 그들로 구성되며 그들의 필요를 위해 봉사하는 것이다. (참조. 흑인 이슬람교도로 구성된 보안군에 관한 나의 의견, EFM, p.162. p.297.) 시민들은 자신들을 둘러싼 모든 것에 대해 자신들이 결정한다고 단순하게 생각하지 않는다. 나는 다만 그것이 실용적이지 못하다고 판단될 때 쉽게 제거될 수 있는 외부적인 제한을 통해 행동의 질서를 잡는 것이 정신을 개선, 개조시키기 위해 노력하는 것보다는 더 인간적이라는 점을 제안할 뿐이다…[FR, pp.308-309.]

---

4) [역주] 독일 베를린 자유대학에서 철학과 교수를 역임함.

7. 선과 악

파이어라벤드는 모든 사람들에게 소위 선함Good을 주입시키는데 성
공했다고 가정했을 때, 만약 그들이 악함Evil으로 돌아섰을 때 이를 어
떻게 받아들여하는지를 파시즘에 비유하여 비판하고 있다. 즉, '모범
적' 과학행위의 정형을 연구자들에게 강요하는 과학계의 풍토가 파
시즘과 닮아 있다는 것이다.

> …극단적 파시즘fascism조차도 비난하는 것을 거부한 점과 그러한
> 사상이 지속될 수 있도록 허용되어야 한다는 나의 제안을 통해, 나
> 는 많은 독자들을 분노하게 하고 많은 친구들을 실망시키는 지점
> 에 이르렀다. 이제 명확하게 돼야 할 것이 있다. 나는 파시즘을 지
> 지하지 않는다(*EFM* 156을 참조하면, '나 스스로의 매우 광범위하
> 게 형성된 감상과 "인도주의적 방법에 의한 행위act in a humanitarian
> manner" 에 대한 나의 거의 본능적인 지지에도 불구하고' 말이다). **즉,**
> **파시즘은** 문제가 아니다. 문제는, 나의 태도의 **적절성**relevance에 있다.
> 이러한 나의 자세가 내가 따르는 사람들의 생각에 편승하고 있는
> 것인지, 아니면 나로 하여금 파시즘에 대항하여 싸우는 이유가 단
> 지 **나를 불쾌하게 하기 때문이 아니라 본래적으로 사악한 체제이**
> **기** 때문이라는 객관적 본질objective core을 갖고 있기 때문인 것인지에
> 대한 문제인 것이다. 이 문제에 대한 나의 답은 "우리는 모두 그런
> 경향inclination을 갖고 있고, 이는 그 이상도 이하도 아니다nothing more"이
> 다. 이는 다른 종류의 경향과 마찬가지로 수많은 뜨거운 열정들로
> 둘러싸여 있으며, 전체 철학 시스템들은 바로 그 경향 위에 세워져
> 있는 것이다. 이 중 몇몇 시스템들은 객관적 질에 관해 논하고, 그
> 시스템을 유지시키는 객관적인 업무와 과제에 대해 논한다. 하지만
> 나의 질문은 우리가 어떻게 논하느냐가 아니고, 과연 우리의 장황
> 한verbiage 논의 속에 어떤 내용을 던져 줄 것이냐에 초점이 맞춰져
> 있다. 그리고 어떠한 내용을 찾아내려고 시도할 때 내가 찾을 수
> 있는 모든 것은 우리가 각기 다른 가치의 체계를 주장하는 철학 시
> 스템들 사이에서 우리 스스로의 경향을 결정하여 선택하는 것이라
> 는 점이다(*SFS*, Part 1). 어느 한 경향성이 다른 경향성과 충돌할 때,

결국 강한 쪽의 경향성이 승리한다. 즉, 오늘날 서구의 더 큰 은행과, 더 두꺼운 책과, 더 결단력 있는 교육자와 더 큰 무기들이 승리했던 것처럼 말이다. 그리고 또다시 오늘날 서구에서, "거대함"은 과학적으로 왜곡되었거나 호전적인belligerent(핵무기와 같은!) 인도주의를 선호하는 것처럼 보인다. 그리고 이러한 문제들은 이 지점에서 잠시 정체되어 있다…[FR, p.309.]

레미기우스(Remigius, 437경-533)⁵⁾의 삶에 대한 예를 통해 좀 더 자세히 살펴보자.

…이것은 종교재판관인 레미기우스의 삶을 통해 우연히 배우게 된 교훈 중 하나이다. 이러한 나의 교훈에 대해 언급한 브렌타노는 내가 마녀사냥witchcraft의 논리를 변론하고 있다고 생각하지는 않는다. 당연히 나도 그렇게 생각하지는 않는다. 또한 이런 종류의 비난에 대해 나는 여전히 침묵의 증언자silent witness로 남아 있을 것이다. 하지만 이러한 비난들은 불쾌할 뿐더러 태생적으로 악의적이며 진부한 세계관을 보여주고 있다고 설명하고 싶다. 이러한 비난들은 그것을 지원하는 적절한 의도와 논리에 의해 지원될 수 있는 범위를 훨씬 넘어서버린다. 사람들은 이 비난의 논리에 의해서 스스로 갖고 있지 못했던 권위를 부여받고, 자신들의 개인적 의견들에 대해서도 선한 의견이라는 도덕적 지위를 부여받는다. 어떤 의견이 존재하고 그에 대한 매우 악한 형태의 반론이 존재할 때 진실이라는 말로 논리의 정당성을 부여받는 것으로 보인다. 우리 세상에는 과학적 원자의 개념에 관하여, 지구의 운동에 관하여 또한 에테르aether⁶⁾와 같은 영험한 기운에 관한 수많은 논쟁이 있다. 그리고 이 모든 논쟁들은 여전히 진행 중이다. 신과 악마, 천국과 지옥의 존재는 여전히 잘 다듬어진 논리에 의해 반박되고 있지 못하다. 따라서 만약 내가 레미기우스를 제거하기를 원하고 그 종교재판 시절의 정신을 지우기를 원한다면, 나는 물론 그렇게 하겠지만 그와 동

---

5) [역주] 프랑스의 성직자로, 프랑크 왕국의 왕 클로비스 1세를 개종시켜 프랑스의 그리스도교를 크게 발전시킨 랭스의 주교임.

6) [역주] 'ehter'이라고도 쓰며, '물리학에서 빛을 전달하는 에테르'라고도 부르며, 19세기에 음파가 공기와 같은 탄성 매질에 의해서 전달되듯이 전자기파(예를 들면 빛과 X선)의 전달매질로 작용한다고 믿었던 이론적인 우주의 물질.

시에 내가 갖고 있는 유일한 무기란 수사적인 힘과 스스로 옳다고 믿는 것 이상은 없다는 점도 인정해야 한다. 반면에 내가 만약 오로지 '객관적인' 이유만을 받아들인다면, 그 어떤 경우에도 그러한 객관성은 존재하지 않는다는 현실을 감내해야만 한다(SFS, Parts 1 and 2; EFM, chapter 3).

레미기우스는 신을 믿었고 지옥과 고문이 있는 사후세계afterlife를 신봉하였다. 또한 불에 타죽지 않은 마녀 신봉자the children of witches들은 결국 지옥에 떨어질 것이라 믿었다. 그러나 그는 그저 이러한 것들을 믿는 것이 아니라 적절한 논리를 제공할 수 있었어야 했다. 그는 우리가 하는 방식대로 논쟁하지 않았고, 그의 증거들은(성경 Bible과 신부들Church Fathers과 교회위원회Church council의 결론 등) 우리가 증거라고 일컫는 것과 차이가 있었다. 하지만 레미기우스의 생각이 전혀 내용이 없다는 의미는 아니다. 그렇다면 **우리는** 무엇을 근거로 레미기우스를 반대하는 것인가? 과학적 방법scientific method이 존재하고 있고 그것이 성공적이라는 믿음 때문인가? 과학적 방법의 존재라는 믿음은 잘못된 것이다(참조. Section 2 above). 그리고 과학이 성공적이라는 믿음은 틀린 것은 아니지만 그 성공은 아주 작은 범위에서 진행된 것들이었고, 과학은 이 글에서 논하는 정신soul과 같은 영역에서 여전히 많은 실패를 거듭했거니와 제대로 접근조차 하지 못했다는 것을 인정하는 선에서 타당하다(예를 들어 영혼은 절대로 현실scene에 들어가지 않는다). 지옥의 존재와 같은 과학 밖의 영역은 한 번도 **탐구된 적이**examined 없으며 고대의 과학적 성과가 초기 교회에 의해 부정되었던 것과 마찬가지로 **부정**lost되었다.

레미기우스는 자신의 사고체계의 범위 안에서 하나의 책임 있고 이성적인 존재로서 활동하였고, 이러한 점에서 최소한 합리주의자들로부터는 찬양받을 자격이 있다. 만약 우리가 그의 관점에서 부정되거나, 우리가 그에게 응당 주어야 할 평가를 건네지 못한다면, 우리의 이러한 거부감을 설명할 절대적으로 "객관적objective"인 논의는 존재하지 않는다는 점을 인정해야 할 것이다. 우리는 물론 도덕을 찬양하고 이러한 도덕에 대한 찬양이 함께 어우러져 있는 모습을 그려낼 수 있을 것이다. 하지만 우리는 이러한 도덕적 가치를 레미기우스에 연결시켜 **그의** 논리에 항의할 수는 없을 것이다. 즉 그를 우리의 논리에 끌고 들어와서 평가할 수 없다는 것이다. 그는 그만의 이성을 사용했지만, 다른 목적으로 그것을 사용했고, 다른 원칙과 다른 증거에 의거하여 행동했을 뿐이다. 이것으로부터 벗어날 방법은 없다: **우리는 레미기우스가 했던 것을 하지 않을 최대한**

의 책임을 갖고 있다. 그리고 그 어떤 객관적 가치도 우리를 지켜 주지는 못할 것이다.

반면, 우리는 우리시대의 종교재판관인 과학자, 의사, 교육자, 사회학자, 정치가, '개발자developer'들을 잊지 말아야 한다. 예를 들어 최근까지 잘 알려져 있고 위험하지 않다고 알려진 치료방법 외에 대안적인 방법들을 실험도 하지 못한 채 약물과 방사선에 노출되어온 의사physician들을 보라. 대안적인 방법들은 시도조차 할 가치가 없었던 것일까? (마녀신봉자들을 살아있게 놔두려는 시도가 가치가 없었던 것일까?) 물론 이는 가치 있는 일이었다. 하지만 우린 오로지 **저주의 주문**anathema sit만을 들었을 뿐이다. 그리고 우리의 교육자들의 노력에 대해서 살펴보자. 해마다 더 어린 세대들에게 각 학생들의 개인적 배경에 대한 고민 없이 '지식knowledge'이라는 것을 채우기 위해 노력하는 교육자들 말이다. 문화들은 말살되어왔고, 각기 다른 문화들이 갖고 있는 면역력은 파괴되었다. 그 다른 지식들은 희소한 것이 되어버렸고 결국 모든 것은 진보라는 이름에 귀속되었다. 레미기우스의 정신과 브렌타노의 생각은 우리의 경제논리에, 자원의 오남용에, 국제적 원조에, 교육 속에 여전히 존재하고 있다. 이러한 우리 시대와 그 정신의 후손들과의 차이는 레미기우스가 인도주의적인 이유로 그러한 일을 자행했던 반면, 우리 세대의 레미기우스들은 그저 직업적 정체성만을 고려했을 뿐, 인도주의적인 면과 이에 대한 진지한 전망도 갖고 있지 못한 채 그 논리를 그대로 이어받아 사용하고 있는 것이다. 나는 그들을 좋아하지 않는다. 여기서 중요한 점은 나 역시 객관적 기준을 갖고 말하는 것이 아니라는 점이다. 다만, 더 나은 삶을 희구할 따름인 것이다···
[FR, pp.309-311.]

아울러 파이어라벤드는 전쟁, 인간성 파괴 등 인류사의 큰 비극이 결국 개개인이 더 나은 삶을 희구하여 도덕적인 결과물을 도출하고, 그것을 객관적인 것으로 규정해 자신을 비인간화한 사람들에 의해 발생한 것이라 주장했다.

···지금 만약 누군가가 이러한 더 나은 삶에 대한 꿈과 객관적 가치라는 아이디어를 포괄하며 이러한 것을 통해 도덕의식이라는 결

과물을 원한다면, 나는 이렇게 말하고 싶다. "전쟁, 심신의 파괴, 그
치지 않는 살육과 같은 우리 시대의 가장 끔찍한 대부분의 것은 사
악한 개인들에 의해 만들어진 것이 아니라 자신들의 개인적 희망
과 선호를 객관화시켜온 사람들, 즉 그들 스스로를 비인간화한 사
람들에 의해 자행된 것이다."…[FR, p.311.]

이에 대해 구체적으로 조셉 아가시(Joseph Agassi, 1927-)[7]와의 일
화를 통해 제2차 세계대전 당시에 자행되었던 아우슈비츠 학살과 같
은 극단적인 행위들에 대한 결과물이 우리의 삶에 여전히 존재하고
있음을 밝히고 있다.

>   …이것은 우연하게도 아가시가 그의 기이한 분출 행동outburst 속에
> 서 인지한 것으로 보는 것이 유일하겠다. 아가시는 진실만을 말할
> 것이라 한다. 그에게는 이것이 좋은 일이겠지만, 이는 우리의 마음
> 을 편하게 해주는 말은 아니다. 그의 과학적 작업에 대해 비평가들
> 이 오래전 지적했듯이 그는 오직 그가 진실을 말하려고 시도하는
> 시점에서도 자신이 무엇을 말하고 있는지 알고 있는 몇 안되는 사
> 람이었다(예를 들면, 로젠의 코페르니쿠스 관련 참고목록의 882번
> 아이템인 *Three Copernican Treaties*를 들 수 있다, New York 1971).
> 그의 논문은 이러한 인상을 확인시켜준다. 그는 내가 사실 징용당
> 한 독일군에 자원했다고 주장한다. 그는 내가 2차대전이 갖고 있는
> 정치적, 도덕적 측면들에 대한 망각을 시도했다고 말한다. 나는 그
> 런 측면들을 인지하지 못하였다. 18세의 나는 그저 책벌레book-worm였
> 지 대단한 **명망가**mensch는 아니었다. 그는 내가 포퍼(K. Popper)를 숭
> 상했다고 말한다. 지금 보면 내가 사람들을 숭배하고, 존경하고, 모
> 범으로 삼는 것을 좋아한다는 것은 꽤나 사실인 것 같다. 하지만,
> 포퍼는 그와 같은 우상은 아니다. 아가시는 나를 포퍼의 문하생이
> 라고 부른다. 이건 어떤 면에서는 사실이나 다르게 보면 사실이 아
> 니다. 내가 포퍼의 강의를 들었고 그의 세미나에 앉아 있고, 가끔

---

7) [역주] 조셉 아가시(Joseph Agassi)는 이스라엘 예루살렘에서 1927년 태어났으며, 논리학, 과학방법론, 철
학 등을 연구한 학자임. 칼 포퍼(K. Popper) 아래에서 공부하였으며 런던 정치경제학교에서 학생들을 가르
쳤고 이후 홍콩대, 일리노이대, 보스턴대 등에서 교수직을 역임함.

그를 방문하고 그의 고양이에게 말을 걸었던 것은 사실이다. 이것을 나의 자유의지였다기보다는 그저 포퍼가 나의 선생supervisor 역할을 했기 때문이다. 나는 영국 문화원으로부터 지원받은 내 삶의 조건 속에서 그와 함께 일을 했을 뿐이다. 나의 연구를 위해 나는 포퍼가 아닌 비트겐슈타인을 선택했고 그가 받아들여주었으나, 비트겐슈타인이 죽는 바람에 포퍼가 나의 대안이 되었던 것이었다. 그리고 아가시는 포퍼 스스로가 나에게 자신의 철학에 충실하게 따르고 자신에 관한 주석을 나의 모든 글에 적용하기를 간절히 요청했다는 사실을 기억하지 못하는가! 나는 자신의 이름이 출판물에 등장하는 것을 유일한 삶의 목적으로 삼는 사람들을 기꺼이 도와줄 수 있고, 그래서 포퍼의 주석을 달아 왔다. 하지만 나는 포퍼의 철학에 따르지 않았다. 아가시의 강연 마지막 해(1953년), 포퍼는 나에게 그의 조교가 되어달라고 요청했고, 나는 내가 가진 것이 하나도 없는 상황에서 친구들의 원조에 의존하고 있었음에도 불구하고 거절하였다.

아가시는 또한 포퍼 숭상을 지속시키는데 필수불가결한 몇몇 루머를 만들어내기도 했다. 예컨대, 내가 제2차 세계대전에 참전하게 된 것을 눈물로 참회했다는 포퍼의 말을 인용하는 것을 들 수 있다. 나는 충분히 감상적인 사람이고 나의 삶에서 많은 어리석은 일을 저지르기도 했다. 하지만 이는 사실이 아니다. 나는 단 한 번도 낯선 사람과 나의 개인적 문제를 논한 바도 없으며, 징용으로부터 빠져나가기 위해 꾀를 부렸던 미숙한 지식인이었다는 점 이외에는 죄책감을 느낄 만한 행위를 한 적도 없다. 아마도 그 눈물은 지루함의 눈물이었을 것이다. 독일에서 학자에 대한 기준이 퇴락하여 아가시의 에세이와 같은 수준 낮은lachrymose 배설물trash이 알렉산더 본 훔볼트(Alexander von Humboldt, 1769-1859)[8])와 같이 고고하고 명예로운 이름을 달고 지원되어 만들어졌다는 것은 참으로 슬픈 징조이다.

아가시가 도덕적 이슈에 대한 우리의 논의와 현실에 대해 이해한 것을 보여준 곳은 오로지 한 군데뿐이다. 나는 그 논의를 아주 잘 기억하고 있다. 아가시는 내가 분연히 일어나기를, 즉 도덕의 아리아moral aria를 불러야 한다고 주장했다. 나는 그것에서 매우 심한 불쾌감을 느꼈다. 한편으로 그 문제는 참 어리석게 보였다. 왜냐하

---

8) [역주] 독일의 박물학자이자 탐험가임. 현재의 지구과학·생태학에 속하는 과학 분야인 자연지리학과 생물지리학 분야에서 중요한 인물로 Kosmos라는 책을 저술해서 과학의 대중화에 지대한 공헌을 함. 남아메리카 서해안의 훔볼트 해류(지금의 페루 해류)는 그의 이름을 따서 명명됨.

면 나는 나의 아리아를 부르고 나치Nazi는 나치의 아리아를 부른 것인데, 그게 지금 어떤 의미가 있단 말인가? 다른 한편으로 아가시와 전후 세대의 많은 이념가들이 사람들에게 무의미한 행동을 독려하는 모습에서 아우슈비츠와 같은 비이성적인 억압을 느꼈다(혹은 사람들의 뇌를 깨끗하게 씻어내어 그들의 행동에 '의미'meaning를 부여할 수 있게 만드는 행위에 대해서도 그런 억압을 느꼈다). 지금 나는 무엇을 이야기하는 것인가?

여기서 나는, 아우슈비츠 학살과 같은 극단적 행위의 결과물이 여전히 우리 한가운데 버젓이 살아있음을 이야기하는 것이다. 아우슈비츠 학살 그 자체는 산업민주주의시대의 소수자에 대한 처분이라는 한 측면을 보여준다. 대부분의 경우 놀랍게도 젊은 세대들을 아무런 의식도 없이 선생들의 독선적인self-righteous 복제물로 만들어내곤 하는 인도주의적인 관점을 포함한 교육 속에도 아우슈비츠의 학살은 살아있다. 아우슈비츠는 이윽고 위력과 숫자가 지속적으로 증가하는 핵nuclear 위협 속에서 또다시 드러난다. 그리고 유대인 학살이 무색하리만큼 무시무시한 전쟁을 준비하는 이른바 애국주의자들의 전쟁 준비과정에서도 여실히 드러난다. 아우슈비츠의 학살은 그 어떤 삶의 의미에 대해 고민하지 않음을 보여주는 자연의 학살과 순수한 원형의primitive 문화의 학살에서도 나타난다. 또한 아우슈비츠의 학살은 이 시대 지식인들의 오만한 기획 속에서 나타난다. 오늘날에는 지식인들이 자신들의 방식대로 인간을 재창조하는 데 쉼 없는 노력을 가하고 있고, 그들이 스스로 인간성이 지녀야 할 덕목이 무엇인지 정확하게 알고 있다고 믿고 있는 오만함 속에서 아우슈비츠의 학살의 모습을 볼 수 있다. 또한 소아병적인infantile 과대망상megalomania에 빠져 환자들을 겁주어 거대한 돈을 뜯어내는 의사들에게서도 우리시대의 아우슈비츠는 존재한다. 체계적으로 동물을 학대하는 이른바 연구자들에게서도, 자신들의 잔혹함의 보상으로 각종 상을 받는 사람들에게서도 아우슈비츠의 모습은 나타난다.

아우슈비츠의 학살의 추종자henchmen와 인류에 시혜를 베푼다고 알려진 이와 같은 지식인들 사이에 그 어떤 차이도 없다고 내가 간주하는 한, 인류의 삶은 양쪽 모두로부터 특정한 목적으로 이용당할 수밖에 없다. 문제는 날로 더해가는 정신적 가치에 대한 무관심과 그러한 가치들이 조잡하지만 '과학적'이라 일컬어지는, 게다가 종종 인본주의적이라고까지 불리는 물질주의에 의해 그러한 가치들이 대체되고 있다는 점이다. 이는(전문가들로부터 훈련받은 인간이라는) 인간은 모든 문제를 해결할 수 있고, 그들은 다른 어떤 매개체도 믿지 않으며 도움 받을 필요가 없다는 생각에서 근거한다. 나는 도무지 자신의 이웃에서 벌어지는 범죄에는 무관심하면서 멀리 떨어진 사건에 대해 근심 걱정하는 사람들과 진지하게 함께해 나갈 수 없다. 그리고 나는 현실에 천착하지 않고 상상에 의존하여 어떠한 것을 결정할 수 없다.

현실에 근거하는 것은 잔혹과 억압에 대항하여 싸우고자 최전선 forefront에 설 수 있는 유일한 방법이다. 그곳에서 우리는 적들을 보고 느낄 수 있다. 거기에서 우리의 존재 전체는 그 능력을 칭송하는 것뿐만 이니라 직을 물리치는 데 참여하게 될 것이다. 이것은 안락한 연구실에 앉아 선과 악을 구분하는 작업을 하는 것과는 매우 다른 종류의 일인 것이다. 나는 나의 많은 친구들이 두 손이 꽁꽁 묶인 채로도 그러한 것들을 구분하고 결정하는 작업을 할 수 있다는 점을 알고 있다. 또한 그들이 명백하게 잘 다듬어진 도덕의식을 갖고 있다는 것도 알 수 있다. 하지만 나는 그들과 거리를 유지하면서, 악이 천지창조의 일부로 들어와 있듯 삶의 한 부분으로 들어와 있는 그 지점을 그들과 다른 관점으로 바라보기를 원한다. 어느 누구도 악을 환영하지 않지만, 누구도 유아적인infantile 반응으로 악에 맞서지도 못한다. 악의 범위를 확장할 수는 있지만, 악이 그 영역에서 지속되는 것을 내버려둘 사람은 없다. 어느 누구도 얼마나 많은 선이 그 악 안에 포함되어 있는지 알 수 없으며, 어느 정도까지 가장 미미한 선조차도 가장 잔혹한 범죄를 막아낼 수 있다는 사실이 존재하는 것에 대해 뭐라 말할 수 있는 사람도 없다…[FR, pp.311-314.]

8. 이성이여, 잘 있거라

파이어라벤드는 과학연구에 있어서 다양한 가치관과 철학적 논거가 자유롭게 투영될 수 있도록 하기 위해서는 무엇보다도 먼저 합리성rationality 및 이성reason처럼 '듣기 좋은' 어휘로 포장되어 있는 억압구조를 타파해야 한다고 역설하고 있다.

…이 장에서 내가 논하고 있는 바에 대한 비판의 근원은 무엇인가? 그리고 나는 왜 그것에 답변을 했는가?

첫 번째 질문에 대답은 간단하다.

8년 전(1979년) 한스 피터 도어(Hans Peter Doerr)는 독일에 있는 저명한 슈르캄프Suhrkamp 출판사의 작가로 초청되었으나 여러 제약사항으로 인해 이를 거절하였다. 하지만 친절한 초청을 거절하는 일은 쉬운 것이 아니었기 때문에 한스 피터는 도의적인 미안함을 느끼고 있었다. 슈르캄프의 정신적 지주이자, 다른 사람의 마음을 꿰뚫어보는 데 일가견이 있는 운젤트 박사(Dr. Unseld)는 한스 피터의 심란함을 알게 되었고, 그에게 여러 조언과 음식을 대접하였다. 그 결과, 한스 피터는 PKF축제에 관한 아이디어를 수용하였고 다방면의 사람들에게 편지를 발송하기 시작하였다. 몇몇 편지들은 반송되었고, 어떤 것들은 그의 정성에 대한 응답을 담고 있었고, 또 다른 것들은 시간이 없다는 양해의 말이 담겨 돌아왔다. 하지만 오직 몇몇 사람들만이 나를 칭찬하거나 혹은 비난했다. 또는 수사적인 말들로 둘러싸인 나를 저주하였다. 따라서 이 전집collection을 이끌어낸 것은 내 '작품'work의 덕merit이 아니라 술alcohol의 힘이었다고 할 수 있다.

두 번째 질문에 대한 답변은 다소 어렵다. 과학가, 예술가, 법조인, 정치가, 성직자를 비롯한 많은 사람들은 그들의 직업과 삶을 명확히 구분하지 않는다. 그들의 삶이 성공적이라면, 그들은 이러한 구분이 없는 삶을 자신들의 존재 그 자체에 대한 확인으로 삼는다. 그들이 직업적으로 성공적이지 못한 경우, 가족과 친구를 비롯한 뭇 사람들과 아무리 즐거운 시간을 보내며 살아가고 있더라도 그들은 한 인간으로서 자신은 실패했다고 생각한다. 만약 그들이 소설, 시, 철학적 원리들을 담은 책을 쓴다면, 그들은 그 책을 자신의 실질적 산물에 의해 만들어진 건축물의 일부라 생각한다. 쇼펜하우어(Schopenhauer, 1788-1860)는 '나는 누구인가'라고 자문하고 다음과 같이 답하였다. '나는 **의지와 이상으로써의 세계**_The World as Will and Idea_라는 책의 저자이고 존재에 관한 어려운 문제를 풀어낸 사람이다.' 부모형제와 같은 일상의 사람들, 꿈, 공포, 기대 등 저자의 가장 사적인 느낌조차도 오직 그 저작이라는 건축물에 대한 존경이 있을 때만 의미를 갖게 된다. 그와 같은 사람들은 다음과 같이 묘사된다: 음well, 아내는 요리와 청소하는 방법을 알고 있었고 어떻게 하면 밝은 분위기를 만들어낼 수 있는지를 알고 있었다; 친구들은, 음, 불쌍한 녀석을 이해하여 도움을 주고 돈을 빌려주고 결국 그가 괴물이 되는데 기꺼이 협력하였다. 이들은 그 외 기타 등등으로 묘사되었다. 이러한 자세는 널리 퍼져 있다. 이와 같은 방식의 묘사가 거의 모든 자서전과 전기문의 기초를 이룬다. 다른 대단한 사상가들에게서도 이러한 모습이 드러난다(예를 들어 소크라테스의 경우 그의 죽음 몇 시간 전에 와이프와 그의 자식들을 살해하고 그의 제자들과 심오한 문제들에 대하여 대화를 나누었다. *Phaedo* 60a7. 클레어 골(Claire Goll, 1890-1977)의 자서전인 '나는 누구도 용서하지 않는다*(Ich verzeihe keinem*, Munich 1980)'에서 예술적 평형artistic parallel에 대해 경멸하였다). 하지만 이러한 경향은 오늘날의 힉계의 쥐무리rodents 같은 이들에게서 여전히 일반적이다…
[FR, pp.314-315.]

좀 더 구체적으로 파이어라벤드 자신의 경험을 언급하고 있다. 이는 이데올로기적으로 경직된 과학의 속박에서 이 사회를 해방시켜야 하며, 이상적인 사회는 '모든 지식이 동등하게 취급되는 사회'라 역설하고 있다.

　…나에게 있어서 이러한 태도는 낯설고alien, 이해할 수 없으며incomprehensible, 약간은 악의적sinister으로 느껴진다. 나도 역시 한때는 이러한 현상을 긍정했던 것이 사실이다. 나 역시 그러한 경향이 퍼뜨려지는 핵심의 성채 안으로 들어가길 희망했었고, 학습되어진 전투기사들이 전 세계에 걸쳐 참여한 계몽전쟁에 참전하길 기원했다. 하지만 종국에 나는 이 문제에 대한 보다 일반인적인 시각을 알게 되었다. 진실은 바로 그 전투기사들이 다름 아닌 자신들의 행동을 조직하고 그 대가로 돈을 지불하는 주인을 위해 일하는 용병이라는 것이고, 일종의 공무원이라는 것이다. 그리고 그들의 명령복종은 균형 잡힌 요청의 결과물이거나 인간적인 측면에서 나온 결과물이 아니라는 것이다. 단지 이런 경향은 직업병이라 할 수 있다. 따라서 별로 하는 일 없이 꽤 많은 보수를 받아서 충분히 쓸 수 있는 반면에, 나는 이러한 병으로부터 벗어나기 위해 나의 강의를 찾아온 가엾은 사람들을 (그리고 버클리Berkeley의 개, 고양이, 너구리, 그리고 심지어는 원숭이들까지) 매우 조심스럽게 보호했던 것이다. 결국 내 스스로에게 말하길, 이러한 사람들에 대하여 내게 책임이 있으며 그들이 보내준 신뢰에 대해 배신해선 안 된다는 것이다. 나는 그 사람들에게 이야기를 건넸고, 그

들의 자연스런 고집을 강화시키도록 노력했다. 이러한 나의 행위는 그 사람들이 조우할 뻔했던 거리 위의 이념가들로부터 막아줄 수 있는 최적의 방법이었다고 생각한다. **최상의 교육은 교육에 있어서 체계적인 시도에 대하여 면역력을 키워주는 것이다.** 하지만 이러한 친절한 고려조차도 나와 같은 인간과 나의 직업 사이의 긴밀한 유대관계를 형성시키는데 도움이 되지 못했다. 종종 버클리, 런던 London, 베를린Berlin, 혹은 이곳 취리히Zürich의 대학가를 지날 때면 문득 내가 그 '교수들 중 하나'였다는 생각에 깜짝 놀라곤 한다. 그럴 때면 나는 '말도 안돼. 어떻게 그럴 수 있었지?'라고 자문한다.

나의 이른바 이런 '아이디어'ideas와 나의 태도attitude는 정확하게 일치했다. 나는 늘 친구들과 종교, 예술, 정치, 섹스, 살인, 연극, 양자이론量子理論, the quantum theory 등 다양한 주제의 토론을 즐겼다. 그러한 토론 속에서 나는 나의 입장을 변경해왔다. 그리고 심지어는 나의 삶의 겉모습을 바꾸기도 했다. 그 이유는 지루함으로부터의 탈피일 수도 있었고(칼 포퍼가 한때 슬프게 언급했던 것과 같이) 내가 반 partly 암시적conviction 성향에 근거하기 때문일 수도 있으며, 어떤 면에서는 가장 멍청하고 비인간적인inhumane 관점도 때로는 좋은 방어기제가 될 자격일 수도 있으며 장점을 갖고 있다는 많은 사람들로부터 비난당하는 나의 생각에 기인할 수도 있다. 나의 논문으로부터 시작한 대부분의 글(저작work이라고 부르도록 하자)은 이러한 살아있는 토론들로부터 기인했으며 그 토론 참여자들의 영향을 보여준다. 종종 내 스스로의 생각이 있다고 믿었다. -지금 그렇지 않은 사람이 어디 있을까? 그리고 나중에 그러한 환각의 희생자가 되지 않는 사람이 어디 있을까?- 하지만 나는 이러한 생각이 나에게 있어서 본질적인 측면을 이룰 것이라는 허황된 꿈을 절대로 꾸지 말았어야 했다. 따라서 이러한 문제를 고려할 때 지금의 나는 내가 만들어낸 가장 장엄한 발명품과는 사실 매우 다른 사람이고, 나를 지배하고 있는 뼛속 깊이 느껴지는 죄의식의 내용과도 상당히 다른 사람이다. 그리고 나는 어떠한 지위를 얻기 위하거나 내 스스로를 그들의 충복obedient servant으로 만들게 할 이러한 발명품과 이러한 죄의식을 절대로 허용해서는 안 된다. 나는 아마도 반대 자리에 섰을 수도 있다take a stand(청교도적인Puritanical 암시로 가득한 현실과 말들이 나를 그렇게 하지 않도록 했음에도 불구하고). 하지만 그렇게 했을 때 그것은 그저 변덕의 과정이었을 뿐 '도덕의식'moral conscience 혹은 그런 것들에 대해 아무런 개념이 없었던 것은 아니었다.

내가 반대편에 서고자 하는데 별다른 의지가 없었던 또 다른 숨겨진 이유가 있었다는 것은 최근에 되어서야 스스로 발견하게 되었다. 내가 *AM*을 썼던 이유는 라카토시를 조롱하기 위함도 있었고, 과학적 전통을 철학법칙의 규칙으로부터 보호하고자 함도 있었다. 15세 무렵에 한스 티링(Hans Thirring)과 펠릭스 에렌하프트(Felix Ehrenaft)의 물리학을 공부하는 학생으로 있을 무렵 마흐(Ernst Mach)를 받아들이면서, 나는 과학자들의 연구들이 스스로 증명되어 외적으로 어떠한 정당성을 필요로 하지 않는다고 당연하게 받아들였다. 나는 지속적으로 개선될 수 있는 방법을 연구하고 지식을 추구하는 과학적 연구의 복잡성에 대한 어떠한 경험도 갖고 있지 않은 사람들을 잘 받아들일 수 없었다. 내 스스로가 일종의 과학적 해방주의자libertarian라 생각하며 '과학을 과학자들에게 온전히 맡겨두라'leave science to the scientists고 외치는 전투를 벌이고 있었던 것 같다. 물론 나는 한때 합리주의자였던 적이 있다. 하지만 간단한 실천적 사례와 1965년 함부르크Hamburg에서의 폰 바이체커(von Weizsaker) 교수의 아주 잘 갖춰진 논리만으로도 충분히 나는 합리주의의 얄팍한 논리를 깨닫고, 다시 마흐의 전통으로 돌아갈 수 있었다…[FR, pp.315-317.]

그리고 파이어라벤드는 창조적 과학사회를 구축하기 위해서는 과학 전반에 만연된 교조적 맹신과 연구전통의 억압과 강요의 사슬을 혁파해야 함을 자신의 경험을 통해 역설하고 있다.

…나에게 커다란 영향을 준 두 가지 경험이 있었다. 나는 첫 번째 경험은 이를 묘사했던 말들로 다시금 반복한다(*SFS*, 118f.):

1964년에는 멕시칸, 흑인, 아메리칸 인디언들이 새로운 교육정책 하에서 대학에 입학할 수 있었다. 약간은 호기심 넘치며, 약간은 멸시당하는 느낌을 받으며, 또 약간은 혼란스러워하면서 자신들이 대학이라는 곳에서 '교육'education을 받기를 희망하며 앉아 있었다. 이것이 미래를 찾고자 하는 예언가에게 얼마나 대단한 기회인가! 나의 합리주의자 친구들이 내게 말하기를, 이 대단한 기회는 이성의 전파와 인류의 개선에 있어 큰 공헌을 할 것이라고 했다. 이것은 계몽주의의 새로운 물결의 놀라운 기회가 될 것이다! 하지만 나는 다르게 느꼈다. 나는 이 논의가 더 복잡해진다는 것을 이해할 수 있었고, 내가 꽤나 똑똑한 청중들에게 그동안 말해온 놀라운 이야기들이 어쩌면 그저 꿈이거나, 자신들의 생각을 기반으로 나머지 사람들을 모두 노예화시키는 데 성공해온 소수의 사람들의 독단적 생각일지도 모른다는 생각을 했다. 이 사람들에게 무엇을 어떻게 생각하라고 말했던 나는 도대체 누구였나? 그 사람들이 많은 문제를 갖고 있었음을 알고 있었지만 나는 그게 구체적으로 무엇인지는 몰랐다. 나는 그 사람들이 배우고자 하는 열망이 많다는 것을 알고 있음에도 그들의 관심사나 감정, 공포 등이 무엇인지는 몰랐다. 자신의 재산, 문화, 존엄성을 강탈당해온 사람들, 그리고 이러한 것들을 그저 수용하게 만들어 자신들 앞의 정의로운 것들을 무의미하게 만들어버리는 것은 극단주의적인 문장들로 둘러싸인 자유주의자들이자 이러한 것들을 오랜 세월 걸쳐 쌓아온 철학자들의 황폐한 사상 때문이다. 그들은 알기를 원했고, 배우기를 바랐으며, 자신을 둘러싼 이 낯선 세상을 이해하길 원했다. 이런 그들이 더 나은 교육을 받을 자격이 없었을까? 그들의 선조들은 그들만의 문화와 다채로운 언어와 인간간의 그리고 인간과-서구의 사상 속에 있는 자기중심주의와 분석과 분리의 경향 속에서 살아 있는 희생자가 되어온 잔해물인- 자연과의 조화로운 관계를 만들어왔다… 이러한 생각들은 내가 나의 청중들을 바라볼 때마다 내 머릿속을 떠나지 않는다. 내가 해야 될 일이라고 간주되어온 혐오와 공포 속에서 그것들은 나를 후퇴하게 만들었다. 이제 내게 명확하게 이해된 나의 당시 과제는 아주 세련된sophisticated 외모를 갖고 있는 노예 감독자slavedriver였던 것이다. 그리고 분명 그것은 내가 원하던 것이 아니었다.

　이러한 경험은 내가 물리학을 직면했을 때의 경험과 본질적으로 비슷하다. 물리학에서도 나는 세련된 양식으로 끼어들기를 시도하는 철학의 피상적superficiality이고 추정적인presumption 모습을 볼 수 있었다. 하지만 과학이 단지 문화의 한 부분이고 우리의 삶에 적용되려면 많은 다른 요소들이 보충되어야 하는 반면에, 나의 청중들의 전통은 자신들의 삶의 최초의 시작으로부터도 완성되어 있다. 따라서 참견과 방해에는 저항이 필요로 하는 것보다 더 심각하고 강한 것들이 필요했다. 그러한 저항을 조직하기 위해서 나는 지적인intellectual 방법을 고려했다. 즉, 나는 여전히 그러한 문제들은 나에게 달려 있고 나 같은 사람들이 다른 사람들을 위한 정책을 고안해야 한다고 생각했다. 물론 내가 고안한 정책이 존슨(Lyndon B. Johnson, 1908-1973) 대통령이 요구했던 것보다 더 나은 것이되기를 의도했다. 하지만 그것을 만들어가는 과정 속에서 나는 그와 다름없이, 내가 돕고자 했던 것으로부터 멀리 떨어진 일을 하게 되었고, 나는 대중들을 자신들의 일을 스스로 해결할 수 없는 사람들로 간주하며 다루었다. 나는 이러한 모순을 알고 있는 것 같았고, 이러한 무의식적인 인지는 내가 한 걸음 뒤로 물러나서 일할 수 있도록 해줬고 내가 반대편에 서기를 거부할 수 있게 만들어주었다…[FR, pp.317-318.]

파이어라벤드 자신이 과학의 객관성을 신뢰하지 않기에 과학행위를 기존 학계가 따르는 추상적 전통보다는 역사적 전통의 맥락에서 해석해야 함을 주장하고 있다. 즉, 과학은 논리적 성격을 지닌 지식이 아니라 역사적 성격을 지닌 지식이기에 몇 가지 규칙으로 설명될 수 있을 정도로 단순하지 않다는 것이다.

　　…나의 세 번째 경험은 평화와 자기의존성self reliance을 위해 단호한 의지를 보였던 지인 그라지아 보리니와(Grazia Borrini)의 관계에서 비롯된다. 그라지아는 물리학을 연구하였고, 나와 마찬가지로 이 학문이 매우 제한되어 있다는 점을 이해하고 있었다. 하지만 내가 더 넓고 인간적인 관점에 도달하기 위해(즉 '자유사회'free society와 같은 생각idea) 아직도 추상의 방법을 사용하고 있었던 반면에, 그라지아는 역사적 전통의 일부에 존재하고 있었다(나의 나쁜 말 습관으로 퇴보하게 만드는). 나는 이러한 전통에 대해 알고 있었고 그라지아를 만나기 이전에도 이에 대해 글을 썼다. 하지만 그것이 내포한 함의를 이해하는 데는 나에게 역시 더 구체적인 경험이 필요했다. 그라지아는 내게 책도 주고 저명한 학자들이 경제문제와 문화적 변동에 대해 쓴 논문들도 주었다. 이것은 진정한 발견이었다. 첫째, 내가 그동안 습관적으로 써왔던 것(점성술astrology, 주술voodoo, 그리고 약간의 약medicine)보다 더 좋은 과학적 접근방법의 한계에 대한 예를 갖게 되었다. 둘째, 나는 나의 노력이 무의미하지 않았음을 알게 되었고, 단지 내 스스로와 사람들에게 그 노력들이 좀 더 효과적으로 보일 수 있게 만들 약간의 변화만이 필요하다는 것을

알았다. 당신은 책을 통해 사람들을 도울 **수 있다**. 내가 존경할 만한 행동을 보인 다른 문화에서 온 사람들을 보았을 때 나는 많은 감동과 놀라움을 경험할 수 있었다. 따라서 마침내 나는 내 자신의 냉소주의self-cynicism를 버리게 되었고, 마지막으로 그라지아를 위해 정말 좋은 책을 쓰기로 결심하였다. 내가 그녀를 알고 내가 나의 최고의 글을 나의 눈앞에 펼쳐진 선한 미소의 얼굴 앞에서 썼기 때문에(내가 *AM*을 쓸 때 라카토시를 마음에 품고 썼다는 것을 기억해라) 그 어떤 비천한 사람일지라도 그들을 위해 글을 쓰기로 결심했다. 물론 그러한 책을 쓰기 위해서 나는 나에게 추상적인 접근방법으로 묶고 있는 끈들을 끊어야만 한다. 또한 평소에 무책임한 방식의 화법으로 돌아가기 위해서는 나는 다음과 같이 말해야 할 것이다.

이성이여 잘 있거라FAREWELL TO REASON.[FR, pp.317-318.]

결국 자유롭고 다원화된 사회를 확립하게 위해서는 과학에 대한 지나친 신화화, 과학 엘리트주의, 비민주적이고 폐쇄적인 과학행위, 과학의 객관성과 합리성에 대한 지나친 신뢰, 과학에 대한 맹신과 중독, 지나치게 이성만 강조하여 자유로운 상상력을 잃게 하는 과학사회 전반의 분위기 등을 타파해야 한다고 역설하고 있다. 다시 말해 파이어라벤드는 연구자의 다양한 가치관과 심성 및 철학적 바탕이 자유롭게 투영될 수 있는 '열린사회의 과학'이 가능하기 위해서는 합리성 및 이성과 같이 듣기 좋은 단어로 포장되어 있는 강요와 억압의 구조를 무너뜨려야 한다고 외치고 있다.

참고문헌

Bal, R. 2004. "Can We Bid Farewell to Reason?" *Journal of Indian Council of Philosophical Research* 21:4, 95-102.

Curthoys, J. and Suchting, W. 1977. "Feyerabend's Discourse Against Method: a Marxist Critique," *Inquiry: An Interdisciplinary Journal of Philosophy* 20, 243-371.

Goldman, A. H. 1982. "Epistemic Foundationalism and the Replaceability of Ordinary Language," *Journal of Philosophy* 79, 136-153.

Hooker, C. A. 1973. "Empiricism, Perception and Conceptual Change," *Canadian Journal of Philosophy* 3, 59-74.

Farrell, R. P. 2001. "Feyerabend's Metaphysics: Process Realism, or Voluntarist-Idealism?" *Journal for General Philosophy of Science* 32:2, 351-369.

Feyerabend, P. K. 1965. "On the 'Meaning' of Scientific Terms," *Journal of Philosophy* 62, 266-273.

_____. 1975. "'Science' the Myth and Its Role in Society," *Inquiry: An Interdisciplinary Journal of Philosophy* 18, 167-181.

_____. 1980. "Democracy, Elitism, and Scientific Method," *Inquiry: An Interdisciplinary Journal of Philosophy* 23, 3-18.

_____. 1984. "Mach's Theory of Research and its Relation to Einstein," *Studies in History and Philosophy of Science* 15, 1-22.

_____. 1987. "Creativity: A Dangerous Myth," *Critical Inquiry* 13, 700-711.

_____. 1989. "Realism and the Historicity of Knowledge," *Journal of Philosophy* 86, 393-406.

Jacques, T. C. 1993. "Realism, Relativism and the Passing of Philosophy: Feyerabend's Relativism," *Explorations in Knowledge* 10:2, 31-43.

Köertege, N. 1972. "For and Against Method," *British Journal for the Philosophy of Science* 23, 274-290.

Neto, M. and Jose, R. 1991. "Feyerabend's Scepticism," *Studies in History and Philosophy of Science* 22:4, 543-555.

Nordmann, A. 1990. "Goodbye and Farewell: Siegel versus Feyerabend," *Inquiry: An Interdisciplinary Journal of Philosophy*(September), 317-331.

Schlagel, R. H. 1977. "The Mind-Brain Identity Impasse," *American Philosophical Quarterly* 14, 231-237.

Simmons, L. 1994. "Three Kinds of Incommensurability Thesis," *American Philosophical Quarterly* 31:2, 119-131.

Tibbetts, P. 1976. "Feyerabend on Ideology, Human Happiness, and the Good Life," *Man and World: An International Philosophical Review* 9, 362-371.

Tsou, J. Y. 2003. "Reconsidering Feyerabend's 'Anarchism'," *Perspectives on Science: Historical, Philosophical, Social* 11:2, 208-235.

Worrall, J. 1978. "Is the Empirical Content of a Theory Dependent on its Rivals?" *Acta Philosophica Fennica* 30, 298-310.

찾아보기

인명

김웅진 ─────────────────────────────────────

한국외국어대학교 정치외교학과 졸업
미국 University of Cincinnati 정치학 박사
한국외국어대학교 정치외교학과 교수
ujkim@hufs.ac.kr

김윤정 ─────────────────────────────────────

한국외국어대학교 영어과 졸업
한국외국어대학교 대학원 정치외교학과 박사과정 수료
yjkim1001@gmail.com

김윤환 ─────────────────────────────────────

한국외국어대학교 신문방송학과 졸업
애리조나 주립대학교(Arizona State University) 박사과정
ykim169@asu.edu

김치호 ─────────────────────────────────────

한국외국어대학교 중앙아시아어과 졸업
한국외국어대학교 대학원 정치외교학과 석사과정
chosama27@paran.com

박상현 ─────────────────────────────────────

한국외국어대학교 이탈리아어과 졸업
한국외국어대학교 대학원 신문방송학과 석사과정
sanghyun.park8@gmail.com

박신영 ─────────────────────────────────────

한국외국어대학교 스페인어과 졸업
한국외국어대학교 대학원 정치학 석사
shinyoung0810@gmail.com

양일국

  단국대학교 정치외교학과 졸업
  한국외국어대학교 대학원 정치외교학과 박사과정
  fanelove1@nate.com

이미나

  한국외국어대학교 아프리카어과 졸업
  한국외국어대학교 대학원 정치외교학과 석사과정 수료
  11m2n3@hanmail.net

최별

  한국외국어대학교 정치외교학과 4학년 재학
  star890725@nate.com

황수환

  한국외국어대학교 정치외교학과 졸업
  한국외국어대학교 대학원 정치외교학과 박사과정
  weworld@hufs.ac.kr

과학의
진보와 창조성

초 판 인 쇄 | 2011년 10월 20일
초 판 발 행 | 2011년 10월 20일

지 은 이 | 김웅진 외
펴 낸 이 | 채종준
펴 낸 곳 | 한국학술정보㈜
주　　소 | 경기도 파주시 문발동 파주출판문화정보산업단지 513-5
전　　화 | 031) 908-3181(대표)
팩　　스 | 031) 908-3189
홈 페 이 지 | http://ebook.kstudy.com
E - m a i l | 출판사업부 publish@kstudy.com
등　　록 | 제일산-115호(2000. 6. 19)

ISBN 　　978-89-268-2751-2 93330 (Paper Book)
　　　　978-89-268-2752-9 98330 (e-Book)